高等院校电类专业新概念教材·卓越工程师教育丛书

可编程逻辑电路
设计基础教程

周立功　主编

刘银华　夏宇闻　编著

北京航空航天大学出版社

内 容 简 介

本书从 FPGA 初学者角度出发,通过项目驱动的方法融合 FPGA 相关知识点。主要包括三部分内容:第一部分为第 1~3 章,介绍 FPGA 基础知识,包括 FPGA 的发展历程、设计流程及特色;深入剖析 FPGA 内部结构,以 Flash 架构 FPGA 为例,从最底层的基本结构到复杂的片内外设,进行深入浅出的介绍。第二部分为第 4 章,详细介绍 FPGA 的编程语言——Verilog HDL,通过浅显易懂的方式让读者对 Verilog HDL 编程语言进行全方位掌握。第三部分为第 5、6 章,分别介绍基于 FPGA 的常用 IP 和 DIY 创新的应用实例。

本书强调理论与实践相结合,通过本书学习,读者不仅可以掌握 FPGA 和 Verilog HLD 编程语言的基本知识,而且通过大量实例,能够将理论知识运用到具体设计实践中,达到学以致用的目的。作者配套本书会陆续发行各种设计实例、视频教程、授课 PPT 等,力求将 FPGA 的入门变得很容易。

本书适用于高等院校本科、高职高专的电子信息工程、自动化、机电一体化、计算机等专业的教材,也可作为 FPGA 设计初学者、FPGA 工程师的参考用书。

图书在版编目(CIP)数据

可编程逻辑电路设计基础教程 / 周立功主编. – 北京:北京航空航天大学出版社,2012.8
ISBN 978 – 7 – 5124 – 0841 – 8

Ⅰ. ①可… Ⅱ. ①周… Ⅲ. ①可编程序逻辑器件—教材②电子电路—电路设计—计算机辅助设计—教材 Ⅳ. ①TP332.1②TN702

中国版本图书馆 CIP 数据核字(2012)第 121961 号

可编程逻辑电路设计基础教程

周立功 主编

刘银华 夏宇闻 编著

责任编辑 董云凤 张金伟 张 淳

*

北京航空航天大学出版社出版发行

北京市海淀区学院路 37 号(邮编 100191) http://www.buaapress.com.cn
发行部电话:(010)82317024 传真:(010)82328026
读者信箱:bhpress@263.net 邮购电话:(010)82316936
北京时代华都印刷有限公司印装 各地书店经销

*

开本:787×1 092 1/16 印张:13.75 字数:352 千字
2012 年 8 月第 1 版 2012 年 8 月第 1 次印刷 印数:4 000 册
ISBN 978 – 7 – 5124 – 0841 – 8 定价:25.00 元

若本书有倒页、脱页、缺页等印装质量问题,请与本社发行部联系调换。联系电话:010-82317024

高等院校电类专业新概念教材·卓越工程师教育丛书
编 委 会

主　编：周立功
编　委：东华理工大学　　　　　　　　　　周航慈教授
　　　　北京航空航天大学　　　　　　　　夏宇闻教授
　　　　江西理工大学　　　　　　　　　　王祖麟教授
　　　　成都信息工程学院　　　　　　　　杨明欣教授
　　　　广州致远电子有限公司　　　　　　陈明计
　　　　广州致远电子有限公司　　　　　　朱　旻
　　　　广州致远电子有限公司　　　　　　黄晓清
　　　　广州周立功单片机科技有限公司　　刘银华

前　言

一、创作起因

很多学校都在开设"可编程逻辑器件"的课程,而且投入大量经费购置很多教学实验设备。但我们一直在苦思冥想,为什么熟练掌握 FPGA 的学生还是寥寥无几呢?

从广州周立功单片机科技有限公司的经验来看,虽然公司有专业的 SoC 可编程逻辑电路设计团队,但感到培养一个合格的开发人员依然具有一定难度。问题到底出在哪里呢?哪些内容才是培养一个合格开发工程师必须讲授的重要知识点?怎样的内容才更适合学生学习?针对上述问题,我们进行了积极而有意义的探索。经过不断的思考、探索,我们终于发现,精选教学内容和合理设置实践案例才是关键所在。因此,我们决定为"可编程逻辑器件"课程编写一本有创新特色的教材。

其实在两年前我们就已经写完本书,为什么没有及时交付给出版社正式出版呢?因为我们对自己所写内容总是觉得不满意。市面上与可编程逻辑器件相关的教材已有上百本,若没有特色再出版一本岂不多余?因此,我们每年都在修改培养方案,不断筛选书籍内容,准备大量实践案例,直到感觉准备充分后,才决定正式让其与读者见面。

二、教学内容的组织与安排

本书分为以下 3 部分内容:

1. 第 1 部分内容

第 1 部分内容包括第 1~3 章。主要内容如下:

第 1 章——FPGA 基础知识。本章主要介绍什么是 FPGA,它与数字电路之间有什么关系,用怎样的方式将 FPGA 与数字电路进行有机的结合;还介绍 FPGA 的发展历程,并从实用的角度出发,介绍 FPGA 的特点和设计流程。

第 2 章——FPGA 基本结构。了解了什么是 FPGA 之后,读者一定想知道 FPGA 的内部结构到底是怎样的。因此,本章主要从 FPGA 最基本的单元结构出发,详细介绍 FPGA 的结构特点,包括开关结构、逻辑单元、布线资源和 I/O 结构等。这些内容可以帮助读者对 FPGA 的结构有一个全新的认识。

第 3 章——FPGA 片内外设。目前的 FPGA 除了逻辑单元以外,往往还带有非常多的片内外设。如同 MCU 一样,这些外设让 FPGA 的单芯片实现成为可能,还可以实现更多的功能。因此,本章介绍 FPGA 常用的片内外设,包括 SRAM、FIFO、PLL、模拟电路等。学习本章内容后,读者就会了解 FPGA 如此强大的原因。

2. 第 2 部分内容

第 2 部分内容包括第 4 章。主要内容如下:

第 4 章——Verilog HDL 基础语法。如果要用 FPGA 进行设计,学会 FPGA 的设计语言非常关键,就如同使用 MCU,学习 C 语言是基础一样。本章介绍国内最为流行、使用人数最多的 FPGA 编程语言——Verilog HDL 的基本语法,从基本概念到强大的系统任务都逐一详细介绍,为读者后续进行 FPGA 设计打下坚实的基础。

3. 第3部分内容

第3部分内容包括第5、6章。主要内容如下：

第5章——常用IP设计。从本章开始，注重FPGA的实战练习，期望读者通过本章学习FPGA的设计应用，将所学理论在实践中得以验证。因此，本章将从FPGA独特的IP设计开始，介绍如何利用FPGA来设计一些常用的IP，例如I^2C、UART、SPI等。

第6章——DIY创新应用设计。创新是我们进步的阶梯，是我们达到与众不同的途径之一，也是我们超越对手的方式之一。因此，本章注重培养读者的动手和创新能力，通过矩阵键盘管理设计、开平方算法设计、同步FIFO设计等，培养读者DIY创新设计的思维与能力，使读者能更进一步地将FPGA的应用发挥得淋漓尽致。

三、卓越工程师的培养

本书主要因"卓越工程师培养计划"孕育而生。但是我们发现，读者仅仅学习课本知识还远远不够，要想成为一名真正的卓越工程师，还需要大量的实战训练，通过动手实践去理解理论知识，并将理论用于实践。因此，我们也提供一系列实战训练材料来培养读者的动手能力。

因此，在我们编写"高等学校电类专业新概念教材·卓越工程师教育丛书"之一——《新编计算机基础教程》时，就配套编写了一本浅显易懂的电子版书《项目驱动——数字电路实践与制作基础教程》，采用step-to-step的方法引导初学者，学习如何设计和制作一台基于80C51单片机的微型计算机，最终达到深入了解计算机体系结构的目的。

在编写本书时，我们同样配套编写了电子版书《项目驱动——可编程逻辑电路设计与实践基础教程》。其特点是，首先将微型计算机中用到的每一个集成电路全部用FPGA来实现；然后将微型计算机的地址、数据输入和显示电路、SRAM以及读/写控制电路全部用一个FPGA来实现，构成一台完整的微型计算机；最后在单片FPGA中设计一台完整的基于80C51软核的微型计算机。

实践证明，对于初学者来说，经过上述训练之后，即可具备成为一个合格开发工程师的必要基础和能力，这是成为卓越工程师的前提。

四、更多的资源

事实上，仅局限于教材本身的内容，或仅依靠教师在规定学时之内传授的知识，对于学生来说是远远不够的。我们组织了很多与本书密切相关的参考资料，感兴趣的读者，请到"周立功单片机"网站（www.zlgmcu.com）的"卓越工程师视频公开课"专栏中下载。

五、面向对象

本书适用于电子信息工程、电气自动化、自动化、电子科学与技术、测控技术、通信工程、医学电子、机电一体化等专业的教材，也可作为FPGA设计初学者、FPGA工程师的参考用书。

六、结束语

本书由江西理工大学周立功教授、广州周立功单片机科技有限公司刘银华与北京航空航天大学夏宇闻教授历时3年的构思与实践创作而成，是"高等院校电类专业新概念教材·卓越工程师教育丛书"之一，由周立功担任本书主编，负责全书内容的组织策划、构思设计和最终的审核定稿。

尽管作者花费不少时间对本书进行了多次修改，也难免会有许多不足之处。读者若有意见和建议，欢迎给作者写信（QQ群：237681679，新浪微博：ZLG—周立功），期盼与你们的交流。

周立功

2012年5月30日

目 录

可
编
程
逻
辑
电
路
设
计
基
础
教
程

4

第**1**章

FPGA 基础知识

本章导读

本章介绍的不仅是 FPGA(Field-Programmable Gate Array)最基础的知识,而且也是最重要的内容。对于初学者来说,学习 FPGA 之初一定要对 FPGA 有足够的认识,不仅需要了解它与数字电路的关系及其发展历程,而且还需要了解它的内部结构与设计流程,甚至还需要了解 FPGA 的选型方法等基本知识,这会为初学者深入学习和掌握 FPGA 打下坚实的基础。

随着大规模集成电路与嵌入式技术的高速发展,FPGA 的应用已经越来越广泛。在嵌入式应用系统中,不仅大量使用 FPGA 实现复杂的逻辑接口电路,而且在 FPGA 中也实现复杂的算法,以提升系统的性能和速度。比如,电机控制中的 PID、SVPWM 等算法,复杂的字符叠加算法,复杂的多图层 TFT 液晶显示器驱动逻辑等的 FPGA 实现,都可使 MCU 适当降低成本。

在集成电路的设计过程中,开发人员常用 FPGA 来验证所实现的复杂逻辑功能电路正确与否。而事实上,前面所提到的用 FPGA 来实现的 TFT 液晶显示器驱动逻辑就是专用的集成电路。

1.1 FPGA 与数字电路

只要具备一定的数字电路技术和 C 语言程序设计基础,那么学习 FPGA 就不难,因为 FPGA 同样也是数字电路。它与基本数字电路的区别在于,FPGA 是用先进精密的芯片设计技术将成千上万个晶体管集成在一个芯片中的专用集成电路,因此它所能实现的功能模块远远大于常见的逻辑器件,如 74HC04、74LS08、74LS138、74LS161 等。以 Microsemi 公司的 FPGA 基本开关结构为例来说明,如图 1.1 所示,整个开关结构都由晶体管构成。因为 FPGA 具有丰富的资源,所以利用特殊的硬件描述语言,可以轻易地在 FPGA 中实现逻辑器件。因此在实际的应用中,人们常常用一片 FPGA 来实现原来需要几十个逻辑器件才能

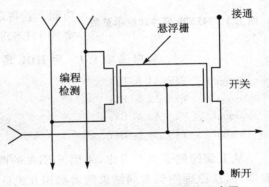

图 1.1　Flash 型 FPGA 开关结构示意图

完成的功能,不仅大大降低了系统的复杂度、成本,减小了电路板的面积,而且还可以实现一般普通集成电路难以实现的功能。

　　FPGA 是一种可以重复编程的器件,它可以根据不同的需求来实现各种各样的数字逻辑功能。FPGA 的实现方式一般有两种:原理图输入法和 HDL 语言输入法,最终都会转化为对应的数字电路中常用逻辑单元的连接关系。因此,了解 FPGA 的实现方式将会比较容易理解它与数字电路之间千丝万缕的联系。

1.1.1　用原理图来实现数字电路

　　这种方式非常直观、易懂,一般的 FPGA 厂家都会提供逻辑单元库,而我们可以通过逻辑单元库来设计所需要的数字电路。以最简单的 4 个"与"门逻辑器件 74LS08 为例,说明 FPGA 如何通过原理图输入的方式来实现该器件。

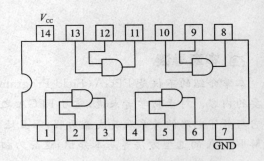

图 1.2　74LS08 逻辑器件的内部结构图

　　如图 1.2 所示为 74LS08 内部的结构图,从图中可以看到,其内部由 4 个二输入的"与"门组成,可根据用户不同的需求来任意地组合这 4 个二输入的"与"门。

1.1.2　用 HDL 语言来实现数字电路

　　如图 1.3 所示为 FPGA 厂商用逻辑单元库构建的 74LS08 器件功能示意图,在 FPGA 的集成开发环境中,将"与"门通过图形化方式即可实现。然后将该电路转化为逻辑单元的配置文件,接着使用相应的编程工具下载到 FPGA 中,即可实现 74LS08 的逻辑功能。

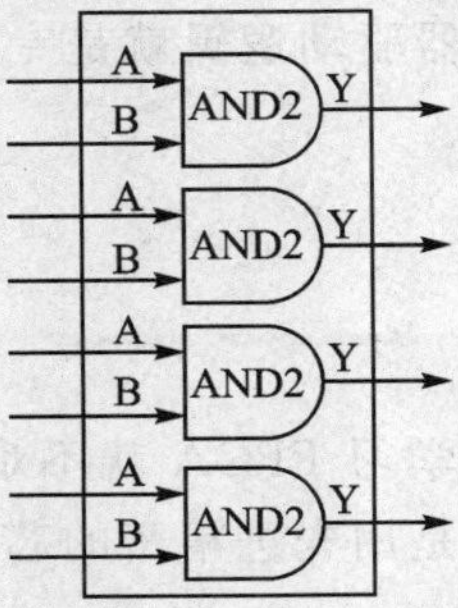

　　随着 FPGA 规模的不断扩大,用原理图输入方式已经无法满足复杂系统设计的要求了,于是业界推出了相应的 FPGA 编程语言,用语言的描述方法实现相应的逻辑电路功能。同样以 74LS08 的逻辑器件为例,如果用语言来描述,那么只需要 4 条 Verilog HDL 指令即可描述 74LS08 的功能(详见程序清单 1.1),最终也将转化为图 1.2 和图 1.3 所示的功能。若将逻辑单元配置文件下载到 FPGA 内部,同样可以实现 74LS08 的功能。

图 1.3　74LS08 器件功能示意图

程序清单 1.1　用 HDL 语言的方式实现 74LS08 的功能

```
assign    Y1＝A1 & B1;              //Y1 为 A1 和 B1 相"与"
assign    Y2＝A2 & B2;              //Y2 为 A2 和 B2 相"与"
assign    Y3＝A3 & B3;              //Y3 为 A3 和 B3 相"与"
assign    Y4＝A4 & B4;              //Y4 为 A4 和 B4 相"与"
```

　　从上面的例子可以看出,采用 FPGA 的两种输入方式都很容易实现数字电路中常用的逻辑器件,从原理图到布局结果两者都相互论证存在。总而言之,FPGA 是数字电路的一种表现形式,而数字电路又是 FPGA 的最终体现。

1.2　FPGA 发展历程

　　FPGA 是电子技术发展过程中的又一次飞跃,初期并不为人们所认知。但是从 1985 年至今的 27 年发展过程中,FPGA 在半导体行业中,以闪电般的速度从配角发展成为主角,从消费类电子、通信基站、汽车电子到航天航空等领域,它的身影无处不在。随着 SoC 技术的发展,"在未来 10 年内每一个电子设备都将有一个可编程逻辑芯片"的理想正在成为现实。

　　从最早的晶体管到集成电路,再到 ASIC 和 PLD(Programmable Logic Device),都为FPGA 的出现奠定了基础。虽然 FPGA 与 PLD 在结构上有很大的差别,但是却有异曲同工之妙。作为 FPGA 的前身,PLD 在一些场合仍然还在使用。如图 1.4 所示为各种 FPGA 相关技术的发展历程,下面将以集成电路、简单的 PLD(SPLD)以及复杂的 PLD(CPLD)为例来介绍FPGA 的演变过程。

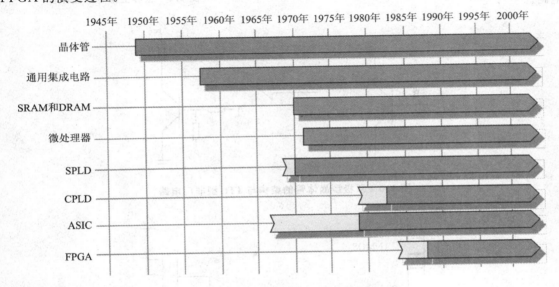

图 1.4　各种 FPGA 相关技术的发展历程

1.2.1　集成电路

1. 晶体管

　　晶体管是集成电路的组成部分,将多个晶体管集成在一个芯片上便形成集成电路,所以晶体管是集成电路最基本的组成单元。

　　1947 年 12 月 23 日,在美国贝尔实验室工作的物理学家 William Shockley、Walter Brattain 和 John Bardeen 成功地创造了世界上第一个晶体管:一个用锗(化学符号 Ge)制造的点接触器件,详见图 1.5。

　　1950 年出现了更加复杂的双极型晶体管器件,制造工艺更容易,造价更便宜,且可靠性更高。20 世纪 50 年代末期,由于硅材料更廉价,而且容易处理,于是硅材料便成为制造晶体管的常用材料,集成电路的发展应运而生。人们将双极型晶体管以特定方式相连形成的数字逻辑门称为 TTL 逻辑门。TTL 逻辑门不仅速度快,而且具有很强的驱动能力。如

图 1.6 所示为双极型晶体管的结构和 TTL 型非门
电路。

　　1962 年，Steven Hofstein 和 Fredric Heiman 在
美国新泽西州普林斯顿市的 RCA 研究实验室发明了
一系列称为金属氧化物半导体的新器件，简称为
FET。FET 按工艺分为两种主要类型，分别为
NMOS 和 PMOS。由 NMOS 和 PMOS 晶体管以互
补方式构成的逻辑门，就是我们所熟知的 CMOS 管。
虽然用 CMOS 实现的逻辑门比 TTL 的速度要慢一
些，但 CMOS 逻辑门的静态功耗非常低。如图 1.7 所
示为 CMOS 晶体管的结构以及由它组成的非门
电路。

图 1.5　世界上第一个晶体管

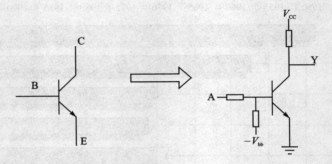

图 1.6　双极型晶体管的结构与 TTL 型非门电路

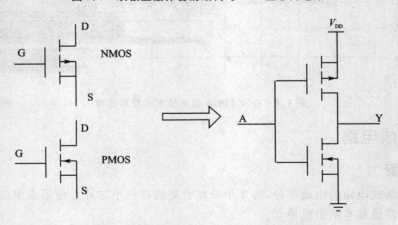

图 1.7　CMOS 晶体管的结构与 CMOS 非门电路

2. 通用集成电路

　　将一个晶体管独立封装在一个小金属外壳或者其他材料制成的外壳内，就构成分立元件。
后来人们发现，如果要组成一个复杂的系统，则需要大量这样的晶体管，这会导致整个电路的
面积不断扩大。于是人们开始寻求新的技术，在一个半导体硅片上集成多个晶体管，不但电路
面积大大缩小，成本也大大降低。这个想法要归功于英国雷达专家 G. W. A. Dummer 在 1952

年发表的一篇论文。直到 1958 年,德州仪器公司(TI)的 Jack Kilby 成功地把包括 5 个元件的移相振荡器制作在同一片半导体硅片上,这一梦想终于得以实现。在相同时期,Fairchild 半导体公司发明了衬底光学印刷技术,现在这种技术广泛用于制造现代 IC 中的晶体管、绝缘层和互连线等。

在 20 世纪 60 年代中期,TI 公司设计制造了大量的基本设计组件 IC,称为 54xx 和 74xx 系列。例如,7400 器件包括 4 个二输入 NAND 门,7402 器件包括 4 个二输入 NOR 门等,通用集成电路蓬勃地发展。图 1.8 所示为 74LS08 器件的内部结构图。

3. 专用集成电路(ASIC)

从理论上讲,使用通用型的集成电路可以组成任何复杂的数字系统。但是由于它的通用性,往往需要非常多的器件才能组成一个数字系统,对于成本和体积又是一个极大的考验。在这种情况下,专用的集成电路(Application Specific Integrated Circuit, ASIC)应运而生。

ASIC 是为专门用途而设计的集成电路,特点是面向特定用户的需求,它是集成

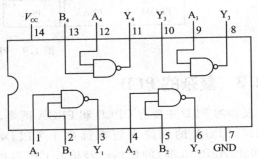

图 1.8　74LS08 器件的内部结构图

电路技术与特定用户的整机或系统技术紧密结合的产物。例如:飞利浦公司的 SAA7750 或 Sigmatel 公司 3410 的 MP3 解码芯片,都是为专用的 MP3 解码市场而设计的芯片,只能完成特定的功能。

ASIC 与通用集成电路相比具有体积更小、质量更轻、功耗更低、可靠性更高、性能更高、保密性更强、成本更低等优点。ASIC 的设计前期往往需要投入大量的设计成本,但由于生产之后市场的需求量大,分摊到每个芯片上的费用就变得很低,使得 ASIC 的单片成本大大降低。

但是 ASIC 无法满足中小批量又需要专用功能的用户。因为当芯片的量不是特别大时, ASIC 的制造成本变得非常昂贵,使得生产后的单片成本没有竞争优势,而且制造 ASIC 的时间一般需要半年以上,制作周期过长。为了解决这样的问题,介于通用集成电路和专用集成电路之间衍生出了半定制的器件——PLD。PLD 的出现解决了用量、生产成本、生产周期之间的矛盾,对于小批量且需要特定功能的用户则是最为理想的选择之一。

1.2.2　PLD 简介

PLD 解决了用通用集成电路搭建复杂系统的困难,同时也解决了 ASIC 设计成本高和设计周期长的矛盾。在通用集成电路的基础上,PLD 允许用户自己来定制特定的功能,在不失通用性的前提下满足专用性的要求。PLD 具有可靠性高、设计周期短、可重复编程、加密性好等特点,因而被广泛地应用。但是它也有不足的地方,例如:它的单片成本会比通用集成电路和专用集成电路高,适合于用量不是特别大而对价格有一定要求的场合。

PLD 分为简单的 PLD 和复杂的 PLD。简单的 PLD 又可以分为 PROM、PLA、PAL 和 GLA 等,复杂的 PLD 又可分为 CPLD 和 FPGA 等,如图 1.9 所示。

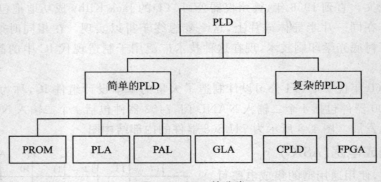

图 1.9　PLD 的分类

1.2.3　复杂的 PLD

　　复杂的 PLD 主要有 CPLD 和 FPGA 两类,它们是当今应用最多的两种可编程器件。一般来说,FPGA 的性能和资源远高于 CPLD,而且低端 FPGA(例如:Microsemi 公司的 A3P030、A3P015 等)的价格已经接近 CPLD 的价格,甚至比 CPLD 更低。它们都是在简单 PLD 基础上的产物,既有不同的地方,又有相似之处。

1. CPLD

　　CPLD(Complex Programmable Logic Device)即复杂的可编程逻辑器件,出现于 20 世纪 70 年代末至 80 年代早期。CPLD 的前身——PAL 器件称为 MegaPAL,这是一个具有 84 个引脚的器件,基本上是由 4 个标准的 PAL 通过互连线连接在一起的。

　　CPLD 的质变发生在 1984 年。新成立的 Altera 公司发明了基于 CMOS 和 EPROM 技术组合的 CPLD。Altera 公司使用 CMOS 技术在低功耗的情况下,设计生产的 CPLD 具有极高的密度和复杂度,并具有编程灵活、集成度高、设计开发周期短、适用范围宽、设计制造成本低、保密性强、价格大众化等特点,可实现较大规模的电路设计,因此被广泛应用于产品的原型设计和产品生产之中。

　　与简单的 PLD(PAL、GAL 等)相比,CPLD 的集成度更高。CPLD 具有更多的输入信号、更多的乘积项和更多的宏单元。尽管各个厂商生产的 CPLD 器件结构千差万别,但它们仍有共同之处。图 1.10 所示是一般 CPLD 器件的结构框图,其中逻辑块相当于一个 GAL 器件。CPLD 中有多个逻辑块,这些逻辑块之间可以使用可编程内部连线实现相互连接。为了增强对 I/O 的控制能力,提高引脚的适应性,CPLD 中还增加了 I/O 控制块,每个 I/O 控制块中又有若干个 I/O 单元。

　　但是 CPLD 的规模较小、触发器资源较少、功耗较大、集成度较低(内部没有 PLL 和 RAM)等,这些问题局限了它的应用,使得它只能应用在一些小规模、低成本的设计里面,更复杂的设计都转向于 FPGA。

2. FPGA

　　FPGA(Field Programmable Gate Array)即现场可编程门阵列,它是在 PAL、GAL、CPLD 等可编程器件的基础上进一步发展的产物。它是作为专用集成电路(ASIC)领域中的一种半定制电路而出现的,既解决了定制电路的不足问题,又克服了原有可编程器件门电路数量有限

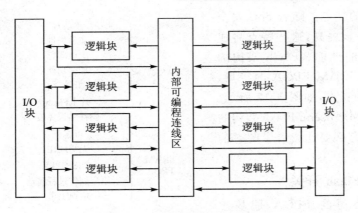

图 1.10　一般 CPLD 的结构框图

的缺点。

　　1985 年,Xilinx 公司推出了全球第一款 FPGA 产品 XC2064,它采用 2 μm 工艺,包含 64 个逻辑模块和 85 000 个晶体管,门数量不超过 1 000 个,如图 1.11 所示。FPGA 的结构不同于 CPLD,它抛弃了原来"与或"阵列的结构,取而代之的是基于查找表和触发器的结构。这种结构使得布线更加灵活,时序逻辑更加丰富,而且内部集成了存储器和 PLL 等资源,可以实现复杂的数字系统,因此它广泛地应用在各行各业。

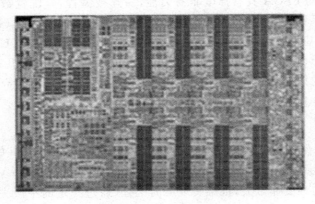

图 1.11　世界第一款 FPGA 的内部结构

　　2009 年,Altera 公司推出了采用最新 40 nm 工艺的 FPGA 产品,其门数量已经达到千万级,晶体管数量更是超过 10 亿个;Microsemi 公司推出了首款模/数混合 FPGA 产品 Fusion。一路走来,FPGA 在不断地紧跟并推动着半导体工艺的进步——2001 年采用 150 nm 工艺,2002 年采用 130 nm 工艺,2003 年采用 90 nm 工艺,2006 年采用 65 nm 工艺,2009 年采用 40 nm 工艺。相信 FPGA 将在更多方面改变半导体产业。

1.2.4　基于 Flash 架构的 FPGA 的特点

　　目前主要有两种架构的 FPGA——Flash 架构和 SRAM 架构。由于 Flash 架构的 FPGA 具有非易失性、单芯片等特点,其应用范围不断地扩大。而作为 Flash 架构 FPGA 的领导性厂家 Microsemi 公司也越来越多地被人们所认识。Microsemi 公司的 Flash FPGA 具有其他

FPGA 所不具有的特点。随着 SoC 安全性、可靠性的进一步提高,这些特点将成为产品不可或缺的性能。Flash 架构的 FPGA 不仅具有 SRAM FPGA 的特点,而且具有 ASIC 的特点,如图 1.12 所示。本书的"主角"是 Microsemi Flash 架构的 FPGA,因此非常有必要让读者了解它的特点。

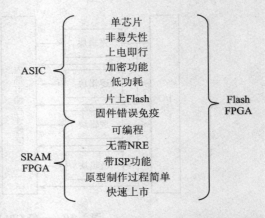

图 1.12　Flash FPGA、SRAM FPGA 和 ASIC 的特点

1. 先进的 Flash 开关

Microsemi 公司的 FPGA 是基于 Flash 架构的 FPGA,晶体管受 7 层金属保护,采用 130 nm 工艺。每个 Flash 开关仅由两个晶体管组成:一个用于开关的擦除、编程、校验等操作,另一个用于开关的选通。Flash 开关具有占用硅片面积小、阻抗低和容性负载、非易失性等特点,其内部结构如图 1.1 所示。对 FPGA 进行编程,其实就是对这些开关进行控制并实现连线的过程。

2. 单芯片

基于 Flash 架构的 FPGA 具有掉电非易失性,一旦被编程,其配置数据就成为 FPGA 结构的一个固有部分,系统上电时不需要通过外部的配置芯片加载数据(这与基于 SRAM 的 FPGA 不同)。因此,基于 Flash 架构的 FPGA,不需要 E^2PROM 或 MCU 等器件来配置。除此之外,Fusion、SmartFusion 还集成了 12 位 A/D、Flash Memory、模拟 I/O、RTC 等模拟部分,这是世界上首创的模/数混合技术的 FPGA,不仅降低了外围器件的费用,节省了印刷电路板(PCB)的空间,同时又提高了系统的安全性和可靠性。

3. 高安全性

Microsemi Flash 架构的 FPGA 的安全性体现在三个层次的保护上(如图 1.13 所示):

第一层属于物理层保护。Microsemi 公司第三代 Flash 架构的 FPGA 的晶体管受 7 层金属保护,去除金属层的难度非常大,很难实现反向工程(通过一定的手段去除金属层后看到内部晶体管的开关状态从而重现设计)。Flash FPGA 具有非易失性,不需要外部的配置芯片,单芯片上电即可运行,不必担心在配置过程中数据流被截取。

第二层是 Flash Lock 的加密技术。它是 128 位的加密算法,通过将密钥下载到芯片中进行加密来防止对芯片进行非授权的操作。经过加密的芯片,如果没有密钥就无法对其进行编程、擦除、校验等操作。

第三层是采用国际上标准的 AES 加密算法对编程文件进行加密的技术。AES 是遵守美国联邦信息处理标准(FIPS)文献[192]的一种加密算法,美国政府机构使用它来保护敏感和公开信息。该算法可包

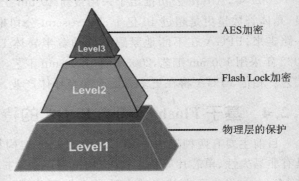

图 1.13　三层的保护

含大约 $3.4×10^{38}$ 个 128 位密钥。早期 DES 标准中密钥的大小为 56 位,大约可提供 $7.2×10^{16}$ 个密钥。2000 年,美国国家标准技术研究学院(NIST)采用了 AES 标准来替代 1977 DES 标准,大大提高了加密的可靠性。美国国家标准技术研究学院通过举例来说明了由 AES 提供的理论安全性,假设一个计算系统可以在 1 s 内破解一个 56 位的 DES 密钥,那么要破解一个 128 位 AES 密钥要花费大约 149 万亿年。而据资料显示,宇宙的年龄小于 200 亿年,可想而知其安全性的可靠程度。

Microsemi Flash FPGA 基于上述三层保护,使用户宝贵的 IP 可以得到很好的保护,也让远程 ISP 变成可能,它为可编程逻辑设计提供了最可靠的安全性。

4. 上电即行

根据上电时间可以将器件划分为三个等级。第一等级的器件属于上电即可运行(LAPU)的器件,它们在上电至上电完成(达到器件正常工作电压)之间便能工作,例如 Microsemi 公司的 FPGA、CPLD、ASIC 等,一般只需要几十 μs 左右;第二等级的器件是在上电完成至系统初始化之间能够工作,例如 Altera 公司的 MAX II 系列、Lattice 公司的 XP 系列等,一般需要几百 μs 甚至几 ms 以上;第三等级的器件需要经过内存、I/O、寄存器等初始化完成后才能正常运行,例如 MCU、SRAM FPGA 等,一般需要几百 ms 以上。不同等级器件的上电时间如图 1.14 所示。

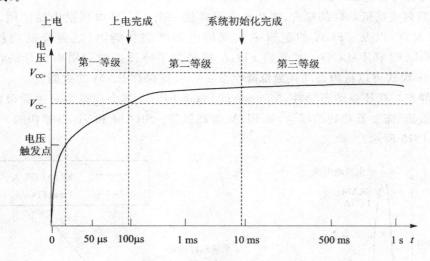

图 1.14　不同等级器件的上电时间

Microsemi Flash FPGA 的上电属于第一等级——上电即可运行(LAPU),上电时间非常短,一般在几十 μs 左右。因此,我们在一个以 MCU 和 FPGA 为核心器件的系统中,不再需要额外的可编程逻辑器件(CPLD)来提供系统初始化信号,而且还可以取代时钟调整电路、数据地址译码电路和复位器件等。

5. 高可靠性

基于 SRAM 技术的晶体管不可避免存在两种错误:软错误(Soft Error)和固件错误(Firm Error)。这是由于大气中的高能粒子(中子、$α$ 粒子)轰击到 SRAM 的晶体管引起的,由于其带有较高的能量,在碰撞某个晶体管过程中有可能改变晶体管的状态。

所谓"软错误",主要是针对 SRAM 存储器来说的,例如:SRAM、DRAM 等。当高能粒子轰击到 SRAM 的数据存储器时,数据状态会发生反转,由原来的 0 变为 1,或者由 1 变为 0,导致数据出现暂时错误。当重新写入数据后,该错误又会消失。这是可恢复的错误,可以通过 FPGA 内置的错误检测和校正(EDAC)电路来减少这些错误的发生。

所谓"固件错误",是指 SRAM FPGA 配置单元或者布线结构在遭受到大气中高能粒子轰击时,发生逻辑功能的改变或者连线的错误,最终导致一次系统的彻底失败。这种错误会一直存在直到被检查修改为止。

Microsemi Flash 架构的 FPGA 对于固件错误有很好的免疫作用,这是由它独特的 Flash 技术所决定的。如果要改变一个 Flash 工艺的晶体管状态,则需要一定的高压,而一般的高能粒子是无法达到这个要求的,因此几乎不存在这种威胁。

6. 低功耗

FPGA 的功耗一般有 4 种:上电功耗、配置功耗、静态功耗和动态功耗。一般的 FPGA 都具有这 4 种功耗,而 Microsemi Flash FPGA 由于上电不需要很大的启动电流,并且掉电非易失,不需要配置过程,所以只有静态功耗和动态功耗,没有上电功耗和配置功耗。

基于 Flash 架构的 FPGA 其每个可编程的开关都由 2 个晶体管构成,而基于 SRAM 架构的 FPGA 其每个可编程开关都由 6 个晶体管构成,所以单纯从开关的功耗上分析,Flash FPGA 的开关功耗要比 SRAM FPGA 低很多。

Fusion 系列支持低功耗的模式,芯片本身可提供一个 1.5 V 电压供内核使用,并且可以通过内部的 RTC 以及 FPGA 的逻辑来实现掉电和唤醒功能,以达到降低功耗的目的。Microsemi IGLOO 和 IGLOO＋系列的 FPGA 更是为手持设备的应用而设计的,其独特的 Flash ∗ Freeze 模式可以将静态功耗最低降至 5 μW,并能保存 RAM 的数据。

无论是静态功耗还是动态功耗,Microsemi Flash FPGA 都会比竞争对手低很多,可以应用于对功耗敏感、需要低功耗的场合,如 PDA、游戏机等。SRAM 和 Flash 架构的 FPGA 的功耗对比如图 1.15 所示。

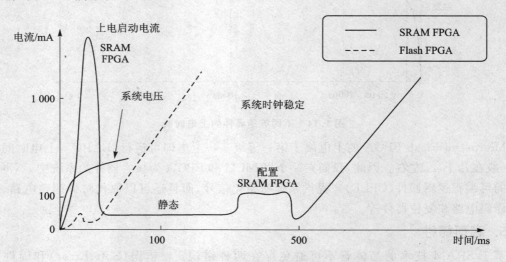

图 1.15　SRAM 和 Flash 架构的 FPGA 的功耗对比

7. 可内嵌高性能处理器

嵌入式系统中除了具有一个高性能的 FPGA 以外，往往还需要有一个处理器来处理一些算法或系统级的任务。一般的做法是通过一个 8051 或 ARM 芯片加上一个 FPGA 来实现。但是在某些对体积、成本有苛刻要求的场合，该方法的缺陷就暴露无遗，而 Microsemi 公司针对该问题提供了单芯片的 SoC 解决方案，将处理器嵌入到 FPGA 内部，以实现单芯片的解决方案。目前 Microsemi 公司可以提供 8 位的 CoreABC、Core8051、Core8051s 处理器，可以提供 32 位的 ARM7、Cortex - M3 处理器。这些都是软核，其外设可以由用户裁减，可打造独一无二的用户处理器芯片。另外，Microsemi 公司在 2009 年提供了性能更优、功能更强大的 Cortex - M3 硬核处理器，不占用 FPGA 的逻辑资源，完美地将 FPGA 和 ARM 结合在单个芯片上，这成为 FPGA 领域跨时代的里程碑。

8. 数 / 模混合

Microsemi 公司的 Fusion 系列更是打破了常规，在纯数字的 FPGA 基础上加入了模拟部分，实现了前所未有的高度集成化。其内部集成了 12 位的 A/D，电压监控、温度监控、电流监控电路，1.5 V 的电压模块，100 MHz 的 RC 振荡器等，还集成了 2M 位～8M 位的 Flash Memory，可提供给客户存储数据和运行处理器的代码。

1.3　FPGA 设计流程

图 1.16 描述了对 FPGA 进行设计的流程，主要包括设计定义、设计输入、功能仿真、逻辑综合、综合后仿真、布局布线、时序仿真以及下载/硬件调试。下面详细介绍 FPGA 设计流程的具体操作步骤。

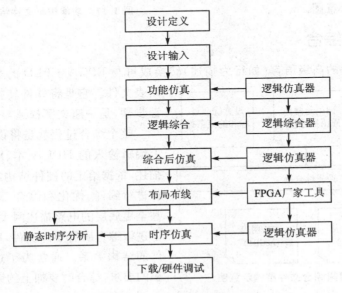

图 1.16　FPGA 设计流程图

可编程逻辑电路设计基础教程

> 👉 **注**：图 1.16 中：
> (1)"逻辑综合器"主要指 Synplify、FPGA Express、FPGA Compiler 等；
> (2)"FPGA 厂家工具"指的是 Microsemi 公司的 Libero、Altera 公司的 QuartusII、Xilinx 公司的 ISE 等。

1.3.1　设计输入

设计输入主要包括原理图输入和 HDL 语言输入，在 1.1 节中已详细描述，这里就不再赘述。

1.3.2　功能仿真

功能仿真直接对 HDL 文件、原理图或其他描述形式的逻辑功能进行测试模拟，以了解其实现的功能是否满足原设计要求。仿真过程不涉及任何具体器件的硬件特性，不需要综合，设计耗时短，对硬件库、综合器等没有任何要求。对于规模较大的设计项目，综合与适配在计算机上的耗时相当长，如果每进行一次修改，都通过硬件下载测试，显然会降低开发效率。因此，合理科学的方式是首先进行功能仿真，待确认设计文件所表达的功能满足设计者原有的意图后，再进行综合、布局布线和时序仿真，以便把握设计项目在硬件条件下的运行情况。仿真工具主要有 ModelSim、Verilog – XL 等。图 1.17 为功能仿真文件结构示意图。

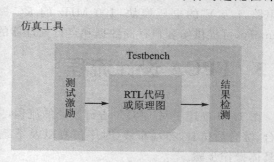

图 1.17　功能仿真文件结构示意图

1.3.3　HDL 综合

综合是将电路的高级语言（如行为描述）转换成可与 FPGA/CPLD 的基本结构相映射的网表文件。它是将软件转换成硬件电路的关键步骤，是一座文字描述与硬件实现的桥梁。

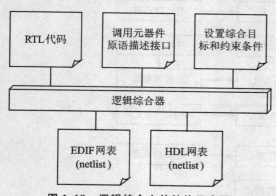

图 1.18　逻辑综合文件结构示意图

整个综合过程就是将设计者在 EDA 平台上编辑输入的 HDL 文本、原理图或状态图形描述，依据给定的硬件结构组建和约束控制条件进行编译、优化和综合，最终获得门级电路甚至更底层的电路描述网表文件，图 1.18 表示了逻辑综合所需要的文件，以及生成的相关文件的结构关系。通常为了达到速度、性能、面积的要求，综合时要加上约束条件。

1.3.4　综合后仿真

相对于功能仿真，综合后仿真更接近现实情况。需要说明的是，功能仿真可以使用非可综合语句帮助得到仿真的结果,但是综合后仿真则不支持这些非可综合语句的功能,当然综合后仿真同样没有添加元器件物理延迟等信息。图 1.19 为功能仿真文件结构示意图。

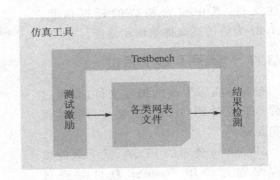

图 1.19　综合后仿真文件结构示意图

1.3.5　布局布线

布局布线即将综合器产生的网表文件配置于指定的目标器件中,使之产生最终的下载文件,如 STP 文件。适配所选的目标器件必须属于原综合器指定的目标器件系列。通常综合器可由专业的第三方 EDA 公司提供,而布局布线工具则需要由 FPGA 供应商提供,因为布局布线工具的适配对象直接与器件的结构细节相对应。

图 1.20 为布局布线的文件结构示意图。逻辑综合通过后,必须利用布局布线工具将综合后的网表文件针对某一具体的目标器件进行逻辑映射操作,其中包括底层器件配置、逻辑分割、逻辑优化、逻辑布局布线操作。布局布线完成后,可以利用工具所产生的反标注文件进行精确的时序仿真,同时可产生用于编程的文件。

> 注意:这里的仿真与前面所述的功能仿真和综合后仿真最大的区别在于,将会加入特定厂家的逻辑门或单元的延时,仿真结果更接近于实际器件运行的结果。

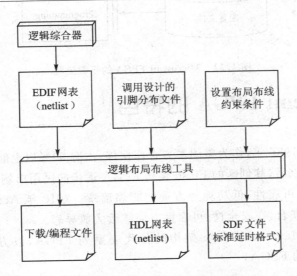

图 1.20　布局布线文件结构示意图

1.3.6　后仿真

后仿真即时序仿真,就是接近真实器件运行特性的仿真。后仿真的仿真文件中已包含器件的硬件特性参数,因而仿真精度很高。后仿真的事件延迟信息来自于布局布线后产生的反标注文件，其中包含精确的延迟信息。图 1.21 为后仿真文件结构示意图。

1.3.7　编程下载/调试

　　布局布线后生成的编程文件，要通过编程器下载到 FPGA 中，以便进行硬件调试和验证。

　　Microsemi 公司的 FPGA，其下载调试过程是通过调用 FlashPro 软件并通过 Microsemi 公司的并口下载器 FlashByte 或 FlashPro3/4，将配置文件下载到芯片中的。图 1.22 是 Microsemi FPGA 的下载流程。

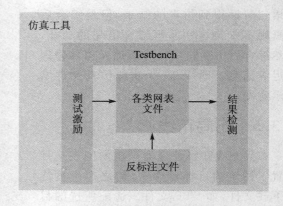

图 1.21　后仿真文件结构示意图

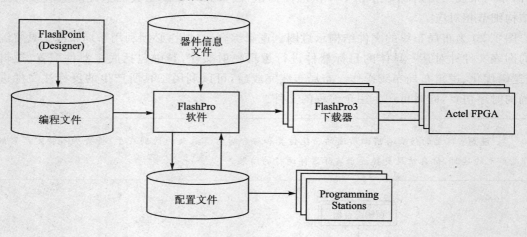

图 1.22　Microsemi FPGA 的下载流程

1.4　Microsemi FPGA 的特色

　　Actel 公司成立于 1985 年，作为美国军方合作伙伴，占有 90% 以上航天航空领域的FPGA市场份额。在 2002 年以后，其创新的 Flash 架构 FPGA 逐步向民用市场开放，并书写了 Actel 公司在单芯片、安全性、可靠性、低功耗等方面的辉煌篇章。2010 年 Actel 公司被 Microsemi 公司收购，实现了强强联合，在安全性、可靠性方面继续大放异彩。

　　本节将简单介绍 Microsemi Flash 架构的各代表系列 FPGA，以方便读者更快地了解 Microsemi Flash 架构的 FPGA。

1.4.1　ProASIC3 系列

　　Microsemi 公司的 ProASIC3 系列 FPGA 在经历了 ProASIC、ProASIC PLUS 系列后，成功地征服了 FPGA 市场。ProASIC3 在各种杂志、媒体以及其他相关技术部门组织的评选中频频获奖。这些奖项的获得证明了它在一步一步地被社会所认可，在一定程度上表明 Flash

架构的 FPGA 在未来会拥有举足轻重的地位。

　　ProASIC3 系列 FPGA 采用 Flash 架构 130 nm 的 CMOS 工艺制作,最高工作频率可达 350 MHz,最高 I/O 频率可达 250 MHz,可满足绝大部分的应用需求,其外形如图 1.23 所示。

　　在安全性方面:ProASIC3 系列 FPGA 封装在 7 层金属丝内,可基本上杜绝采用暴力手段进行反向工程。而且 ProASIC3 系列芯片采用 128 位的 Flash Lock 加密方式和 128 位的 AES 加密方式。前者用于对芯片和加密等级进行加密,后者用于对设计文件进行加密,两者配合使用可实现绝对安全的 IP 保护。Flash 开关属于非易失性的开关结构,因此 ProASIC3 系列 FPGA 不需要片外的配置芯片。这一方面防止了数据流被截取的可能,另一方面整体上提高了芯片以及整个产品系统的安全性能。

图 1.23　ProASIC3 系列 FPGA

15

　　在可靠性方面:由于 Microsemi Flash 架构 FPGA 的最小可编程单元是由 Flash 开关构成的,要改变开关结构需要很大的能量才能实现,因此 Microsemi FPGA 对固件错误有非常好的免疫能力,这是 SRAM 架构 FPGA 所不能比拟的。这一性能决定了 Microsemi FPGA 在军工、航天航空等领域一枝独秀。

　　在功耗方面:由于 Microsemi FPGA 的配置单元属于非易失性的,所以其在上电时不需要配置的过程。再则,就晶体管数量而言,每个 Flash 开关结构比 SRAM 开关结构能节省 2 个晶体管,这就降低了能量的消耗。在 ProASIC3 系列之后,Microsemi 公司推出了用于更低功耗的 ProASIC3L 系列,这是由于该系列芯片使用了 Flash * Freeze 模式。在该模式下最低功耗可达 5 μW,并能保存 RAM 和寄存器的状态。

　　第三方机构 iRoC Technologies 的测试结果也表明,Microsemi Flash 架构的 FPGA 在安全性、可靠性和低功耗方面是其他厂商的 FPGA 所不能比拟的。

1.4.2　IGLOO 系列

　　Microsemi 公司在 ProASIC3 系列之后,推出了专为手持设备而设计的 FPGA。该系列的 FPGA 拥有 ProASIC 所有的性能,同时在功耗和引脚方面做了较大的改变。

图 1.24　IGLOO 系列 FPGA

　　IGLOO 系列芯片的外形如图 1.24 所示,其将芯片内核电压降到 1.2 V,使用先进的 Flash * Freeze 技术,用户可灵活控制,让芯片在不需要工作时进入睡眠模式。在该模式下芯片最低功耗仅为 5 μW,并能同时保存寄存器的值。

　　特别是 IGLOO＋系列的 Microsemi FPGA,芯片的低功耗、低容量、高引脚密度等特点为手持设备在功耗和引脚需求方面提供了完美的解决方案。

1.4.3　Fusion 系列

　　随着科学技术的发展和社会需求的增加,SoC 已经成为电子行业发展的方向。众所周知,FPGA 芯片属于数字电路,而真正的 SoC 常涉及数/模混合的信号处理。在这种社会需求的

可编程逻辑电路设计基础教程

环境下,Microsemi 公司率先推出了 Fusion 系列的 FPGA,其外形如图 1.25 所示。该系列 FPGA 在 ProASIC3 系列 FP-GA 的基础上添加了模拟功能模块,并成为当时业界唯一的一款可以支持混合信号设计的 FPGA。

Fusion 系列的 FPGA 内嵌 Flash Memory、RTC 以及一个 12 位的 ADC,并拥有可承受 ±12 V 的模拟 I/O,实现了单芯片处理混合信号的功能,为 SoC 方案提供了非常好的选择。在应用上,Fusion 系列有多个型号的 FPGA 可支持嵌入 Cortex - M1 等高级处理器内核,配合模拟功能模块可监控 30 路电压信号,可以很好地满足客户的需求。

图 1.25　Fusion 系列 FPGA

1.4.4　SmartFusion 系列

SmartFusion 系列 FPGA 的外形如图 1.26 所示,它是 Microsemi 公司最新推出的一款芯片,并称其为智能型混合信号 FPGA。该系列 FPGA 整合了三个不同领域的技术:Cortex - M3、Flash 架构 FPGA 以及模拟技术,在沿袭 ProASIC3 系列和 Fusion 系列 FPGA 的性能上,重点突出了智能特性。

图 1.26　SmartFusion 系列 FPGA

Microsemi Flash 架构的 SmartFusion 系列 FPGA,内嵌硬核 Cortex - M3,并使用多层 AHB 总线矩阵,最高可达 16 Gbps 的带宽,并为 FPGA 芯片带来了丰富的外设和总线资源。同时,SmartFusion 系列 FPGA 优化了 Fusion 系列 FPGA 的模拟功能模块,除增加了 ADC 数量外,还改善了电流监控器的有效增益。

SmartFusion 系列 FPGA 为 SoC 系统提供了最优的解决方案,具有更高的单芯片集成度、更加灵活的加密方式和一如既往的可靠性,在为 Microsemi 公司书写辉煌历史的同时,为其客户带来了绝对优势的竞争力。

第 2 章

FPGA 基本结构

📝 本章导读

在架构上，FPGA 主要分为 SRAM 型和 Flash 型两大类，它们各有千秋。本章将以 Microsemi 公司基于 Flash 架构的 FPGA 为切入点，从最底层的开关结构到复杂的布线资源，详细剖析 FPGA 内部结构，为初学者揭开 FPGA 神秘的面纱。

2.1 FPGA 的基本编程原理

在 FPGA 中，主要使用 LUT(查找表)和数据选择器实现组合逻辑功能，而实现时序逻辑则依赖于触发器。基于 SRAM 架构的 FPGA，其最小编程单元都是由若干 LUT 和若干 D 触发器组成的。

LUT 的本质是一个 SRAM，目前 FPGA 中的 LUT 基本上是 4 输入、1 输出。这种结构的 LUT 可以看做一个有 4 根地址线的 16×1 位 SRAM，详见图 2.1。ABCD 为 4 根地址线，把 F 的值写入 SRAM 中。而 F 的值就是所描述的逻辑电路所有可能的结果，其示例详见表 2.1。因此，将逻辑值 F 写入 SRAM(LUT)的过程就是编程。

表 2.1　F 的真值表

地　址 ABCD	逻辑值 F	地　址 ABCD	逻辑值 F
0 0 0 0	0	1 0 0 0	0
0 0 0 1	0	1 0 0 1	0
0 0 1 0	1	1 0 1 0	0
0 0 1 1	1	1 0 1 1	1
0 1 0 0	1	1 1 0 0	1
0 1 0 1	0	1 1 0 1	1
0 1 1 0	1	1 1 1 0	0
0 1 1 1	1	1 1 1 1	1

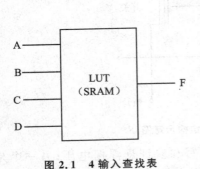

图 2.1　4 输入查找表

编程结束后，在不断电的情况下，SRAM 中的内容始终保持不变，LUT 就具有了确定的逻辑功能。当用户在验证设计或者在升级产品时，如果要求更新设计，那么只需要对 FPGA

重新编程即可,这也就是"可编程逻辑阵列"名称的来源。

众所周知,SRAM 的存储单元是由锁存器(或触发器)构成的,在断电重新上电的情况下,锁存器或触发器的值将处于不确定状态。因此,对于 SRAM 架构的 FPGA 在重新上电后,就需要有一个配置的过程。常用的方法是在 FPGA 片外扩展一个 E^2PROM 存储配置数据流,上电后 E^2PROM 对 FPGA 完成配置。

而 Flash 架构的 FPGA,由于其内部的 LUT 可以看做 ROM,且最小的单元与 SRAM 架构的 FPGA 不同,ROM 存储器在断电情况下不会丢失数据,因此上电后不需要重新配置。

2.2　基本逻辑单元

前面讲述的编程原理都是对 FPGA 器件的最小逻辑单元进行操作的。Microsemi FPGA 最小逻辑单元属于精细颗粒结构,类似于 ASIC 一样的结构。本节将从开关结构、基本库单元到 VersaTile,逐层递进地介绍 Microsemi FPGA 的基本逻辑单元。

2.2.1　Flash 架构的开关

Microsemi FPGA 的开关结构是基于先进的 CMOS 工艺,内部采用专利的金属—金属熔通元件。这种结构减小了器件的尺寸,同时减少了开关中晶体管、电容、电阻的数量,从而大大降低了功耗。Flash 单元遍布整个器件,以实现非易失性、可重复配置的编程,同时,丰富、高速的布线资源可使信号线连接到相应的 VersaTile 输入和输出。

在 Microsemi 公司的这种工艺上,一个 Flash 开关由两个 MOS 管构成,两个 MOS 管共用悬浮栅,如图 2.2 所示。

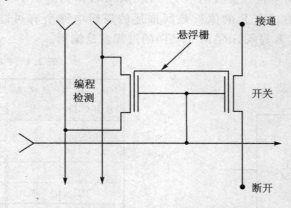

图 2.2　Flash 型 FPGA 开关结构示意图

图 2.2 中一个晶体管是检测 MOS 管,它只用来写和验证悬浮栅电压;另一个是开关 MOS 管,用来连接或隔离布线网络,而共享的悬浮栅是编程信息的载体。如图 2.3 所示是 MOS 管结构,当对 Flash 编程时,给源极提供正电压,电子从源极扩散到悬浮栅,悬浮栅呈现低电平;当对 Flash 进行擦除时,给栅极提供负电压,电子从悬浮栅扩散至源极,悬浮栅呈现高电平。

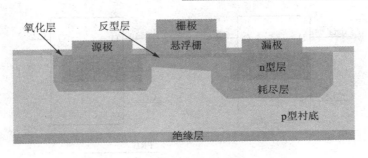

图 2.3　MOS 管结构

2.2.2　基本的库单元

FPGA 厂商都会为自己的 FPGA 器件提供一个常用逻辑单元库,其中包括组合逻辑单元和时序逻辑单元。这是最基本的库单元,可以方便用户快速实现常用逻辑功能,接下来介绍这些基本单元的相关情况。

1. 组合逻辑单元

Microsemi 公司的映射库中提供了最常用和最基本的组合逻辑单元,其中有两输入的"或"门、"与"门、选择器;三输入的"异或"门、"与非"门和 MAJ3,如图 2.4 所示。至于在每个电路中选择什么功能的元器件,取决于用户的设计代码或者设计原理图。

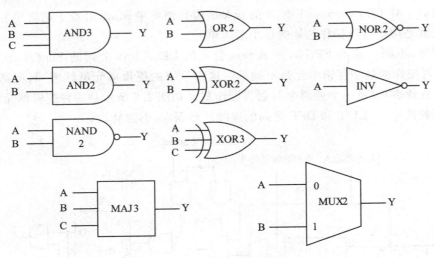

图 2.4　组合逻辑单元模型

☞ 注:MAJ3 为一个特殊功能组合器,当 A、B、C 任意两端为 0 时,输出为 0;任意两端为 1 时,输出为 1。

---

2. 时序逻辑单元

Microsemi 公司的映射库中也提供多种时序逻辑的模型,包括触发器和锁存器。每种模型都带有数据输入端和可选的使能、清零或置位端。如图 2.5 所示,分别是各种时序逻辑单元模型的示意图。至于在每个电路中选择什么功能的元器件,取决于用户的设计代码或者设计原理图。

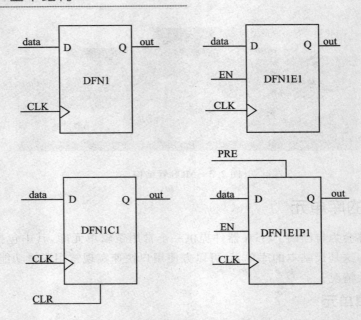

图 2.5　时序逻辑单元模型

2.2.3　最小逻辑单元

前面我们了解了 Microsemi FPGA 的开关结构和逻辑单元,而由若干逻辑单元组成的最小编程单元就是用户可以操作芯片的最小逻辑单元。

众所周知,不同厂家的 FPGA,如 Altera 公司的 LE、Xilinx 公司的 Slice、Lattice 公司的 PFU 等,其可操作的最小逻辑单元是不同的。这些厂家的逻辑单元虽然不同,但都由一个或两个 LUT(查找表)以及一个或两个 D 触发器组成。如图 2.6 所示是一种逻辑单元的示例,它们都是粗颗粒的结构,LUT 和 DFF 之间的连线已经固定,不能修改。

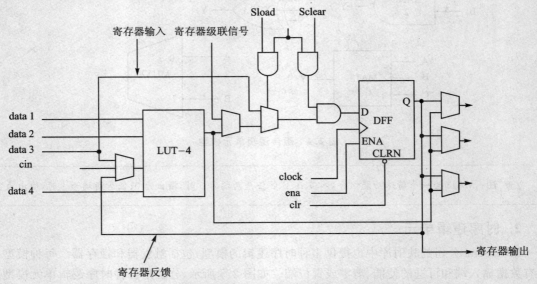

图 2.6　基于 LUT 和触发器的粗颗粒逻辑单元结构

Microsemi FPGA 的最小逻辑单元是 VersaTile,属于精细颗粒结构。所谓"精细颗粒"是指,每个逻辑单元的内部结构并不固定,可以根据用户的需要,通过编程的方式来改变。如果在设计中需要时序逻辑,VersaTile 就会配置成触发器;如果需要组合逻辑,VersaTile 则会配置成 LUT。这种结构能充分利用内部的每个逻辑单元。每个 VersaTile 均具有 4 个输入,其结构如图 2.7 所示。

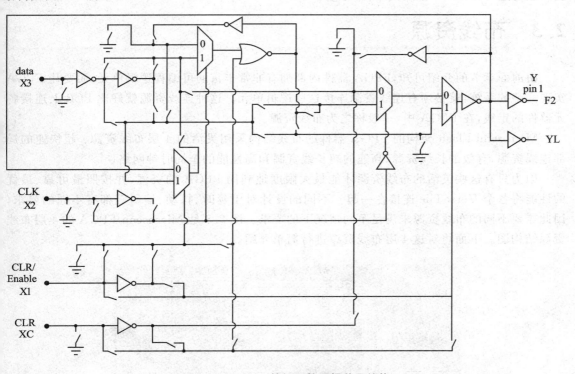

图 2.7　VersaTile 精细颗粒逻辑单元结构

首先,简单地了解一下 VersaTile 的内部结构。从图 2.7 来看,VersaTile 是由基本的"非"门、二选一选择器和"与非"门组成的。

CLR/Enable 信号可以配置为高电平有效,或是低电平有效。如果低电平有效,需要选择 CLR/Enable 端的一个"非"门,因此在资源比较紧张的情况下,可以选择高电平有效。

X1 和 XC 都同时连接到 VersaTile 的最后一个选择器的使能端,因此,当配置成带置位端的 D 触发器时,只能选择其中的一条链路,其中 XC 这个路径只能连接全局的时钟分配网络。

从 VersaTile 的结构来看,精细结构的时钟信号 CLK 用做中间两个选择器的使能端。对于第一个选择器,时钟可以直接输入,或者经过一个"非"门;对于第二个选择器,时钟至少经过一个"非"门才能作为选择器的使能信号。

通过改变内部的 Flash 开关连接,可以将 VersaTile 配置成下面功能中的一种:

➢ 任意三输入的组合逻辑;

➢ 带清零或置位的锁存器;

➢ 带清零或置位的 D 触发器;

➢ 带清零/置位、使能端的 D 触发器(通过图 2.7 的 XC 端来实现)。

VersaTile 可以灵活地对设计中的逻辑和时序门进行映射,输入支持自动反向功能,输出可以连接多种布线资源,例如:F2 连接到超快局部连线资源,YL 连接到有效长线或超长线资源。

当 VersaTile 用做带使能端的 D 触发器时,清零/置位信号由第四个输入端 XC 提供,并且只能通过 VersaNet(全局网络)来驱动。

2.3　布线资源

由前面章节的介绍可知,FPGA 器件内部拥有非常丰富的可编程逻辑单元,而要让 FPGA 实现完整的系统,就必须有连线资源连接这些逻辑单元。这种连线资源就好比 PCB 上连接各元器件的走线,在 FPGA 中,一般称之为布线资源。

Microsemi Flash 架构的 FPGA 器件的布线结构采用灵活的 4 层布线资源:超快速的局部连线资源、有效的长线资源、高速的超长线资源和高性能的全局时钟网络。

因为只有这些灵活的布线资源才能最大限度地利用 FPGA 的资源,并按照最可靠、最优的性能将各个 VersaTile 连接在一起。不同的设计对于延时、抖动、偏斜等都有不同的要求,因此需要不同的布线资源来满足不同情况下的要求。图 2.8 是 Microsemi FPGA 的 4 层布线资源结构图。下面将对这 4 层布线资源进行简单介绍。

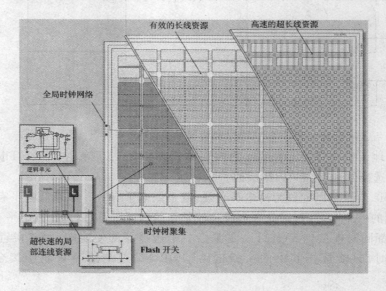

图 2.8　4 层布线资源结构

2.3.1　超快速的局部连线资源

这种布线资源用于相邻逻辑单元的互相连接,如图 2.9 所示,允许每个 VersaTile 的输出端与 8 个相邻 VersaTile 的输入端直接相连,其速度非常快。

众所周知,前级元件与后级元件之间的信号延迟时间越短,整个系统的工作频率就越高。在 Microsemi FPGA 中,每一个使用的 VersaTile 都会被编程为一个固定功能的门级元件。

为了追求系统工作频率的最大化,开发者会希望前后级的门级元件有最短的连接线,以获得最小的信号延迟时间,这就是超快速的局部连线资源的用途。

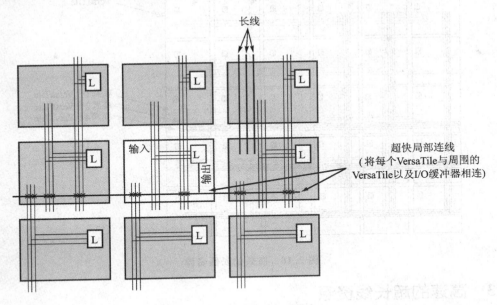

图 2.9　超快速的局部连线资源

而当 Microsemi FPGA 的 VersaTile 被编程为带使能端的 D 触发器时,其使能控制信号CLR 等就不能使用超快速局部连线资源,而需要芯片内部的全局网络来驱动。在一个系统设计中,若所有同时钟域下的时序逻辑元件都能被一个质量很高的时钟信号控制,全局网络就能实现低偏斜、低延迟、低抖动、高扇出的信号。

当然,在实际应用开发中,开发者并不需要对这些布线资源进行操作,FPGA 开发软件会自动根据开发者的约束条件,选择最适合的方式对设计进行布局布线,以求最大化地满足开发者的需求。

2.3.2　有效的长线资源

在 2.3.1 小节中介绍了只能跨越 1 个 VersaTile 的超快速局部布线资源,本小节将介绍可以跨越 4 个 VersaTile 的布线资源,Microsemi 公司称这种布线资源为"有效的长线资源"。

有效的长线资源可提供较远距离的布线方案,因为其布线距离比局部布线远,所以其可能驱动的门级数量会更多,扇出能力也较大。如图 2.10 所示,这些布线资源可以跨越 1 个、2 个或 4 个 VersaTile,并沿垂直和水平方向走线。

区别于局部布线资源,有效的长线资源可以访问每个 VersaTile 的输入端。布线软件会根据用户设计的需要自动插入缓冲器以减少负载效应。

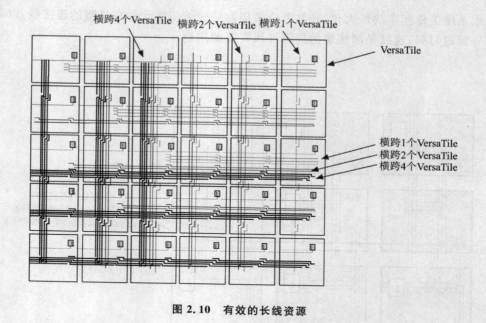

图 2.10　有效的长线资源

2.3.3　高速的超长线资源

　　Microsemi FPGA 的 4 层布线资源为：从只跨越一个 VersaTile 的局部布线资源到跨越 4 个 VersaTile 的长线资源，再到跨越 16 个 VersaTile 的超长线资源，最后到全局网络。4 层布线结构可根据用户的设计需求灵活变化，以实现最优的布线效果。

　　超长线资源从核心 VersaTile 开始，垂直方向可以跨越±12 个 VersaTile，水平方向可以跨越±16 个 VersaTile，如图 2.11 所示。

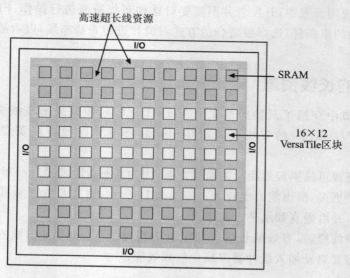

图 2.11　高速的超长线资源

2.3.4　高性能的全局网络

　　VersaNet 网络可以通过外部引脚或内部逻辑来访问,应用于那些需要低偏斜、低延时、低抖动、高扇出的网点。这些网点通常用来分配需要最低偏斜的时钟、复位和其他高扇出信号。如图 2.12 所示,全局网络分为片上全局网络和象限全局网络。片上全局网络可以到达器件中的每个 Tile,而象限全局网络负责连接 4 个象限的 Tile。

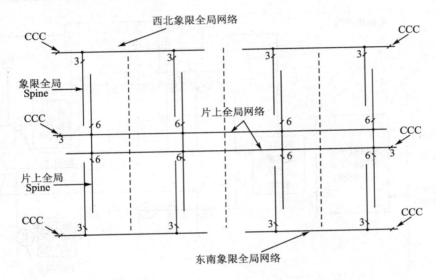

图 2.12　高性能的全局网络

2.4　I/O 结构

　　Microsemi FPGA 器件提供了非常灵活的 I/O 结构。一个 I/O 模块一般包含 I/O 缓冲器和 I/O 寄存器,用于实现多种电平标准和特殊的传输模式,以满足不同用户的需求。

　　特殊的 I/O 缓冲器可以实现单端 I/O 和差分 I/O 的多种电平标准,单端 I/O 支持 LVTTL/LVCMOS 3.3 V、LVCMOS 2.5 V、LVCMOS 1.8 V、LVCMOS 1.5 V、PCI 3.3 V/PCI - X 3.3 V 等电平标准;差分的 I/O 可以实现 LVDS、BLVDS、MLVDS、LVPECL 等电平标准。除此之外,Fusion 系列还支持自定义的参考电压,以实现 SSTL3 (I 类和 II 类)、SSTL2 (I 类和 II 类)、GTL＋ 2.5、GTL＋ 3.3、GTL 2.5、GTL 3.3、HSTL (I 类)、HSTL (II 类)等电平标准。

　　I/O 提供可编程的斜率、驱动能力和弱上拉/下拉属性,可根据需要来设置。Microsemi FPGA 的 I/O 可以驱动 5 V 的器件,最大输入电压为 3.6 V,而对于 5 V 的输入容限有多种解决方案可以实现。单端 I/O 最高支持 250 MHz 的工作频率,差分 I/O 最高支持 350 MHz 的工作频率,并可以支持 700 Mbps 的 DDR 的传输速率。

2.4.1　I/O 缓冲器

　　如图 2.13 所示为 I/O 缓冲器电路的简化框图。FPGA 内核的输出使能信号(OE)使得输出缓冲器能够将信号从内核传递到引脚。输出缓冲器含有静电放电（ESD）保护电路，即一个 N 沟道 MOS 管用来将所有的 ESD 浪涌（高于器件电压规范的限制）导入到地。这个 MOS 管也用做输出端的下拉电阻。

　　每个输出缓冲器还具有可编程的输出信号斜率、驱动强度、可编程的上电状态（上拉/下拉电阻）、热插拔以及钳位二极管控制电路。对不同 I/O 特性的设置可在 Designer 软件中由用户选择并通过编程来实现。

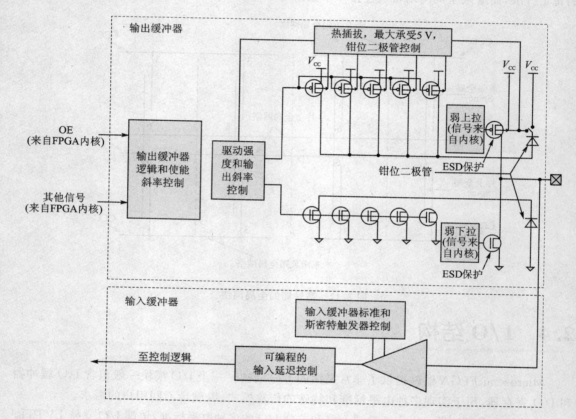

图 2.13　I/O 缓冲器简化结构

2.4.2　I/O 寄存器

　　每个 I/O 模块均包含多个输入、输出和使能寄存器。简化的 I/O 模块的情况如图 2.14 所示，里面包含多个寄存器。信号首先经过 2.4.1 小节所介绍的 I/O 缓冲器，然后经过这些寄存器到达 FPGA 内核，或者从 FPGA 内核经过寄存器输出到 I/O 缓冲器。这些寄存器通过一组 Flash 的开关（图中未画出）来连接和选择。

　　在使用 I/O 寄存器时，所有 I/O 寄存器均采用公共的 CLR/PRE 信号。输入寄存器 2 没有 CLR/PRE 引脚，因为这个寄存器是用来实现 DDR 功能的；输出寄存器 4 和 5 用于 DDR 的输出功能。

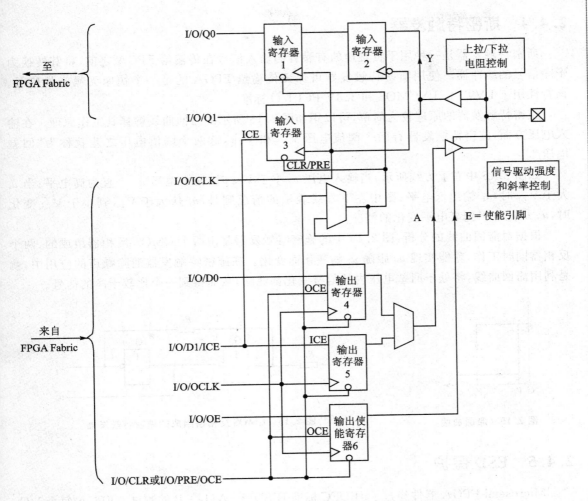

图 2.14　简化的 I/O 模块结构图

2.4.3　输出斜率控制

　　输出斜率是指输出信号从逻辑低电平变为逻辑高电平,或从逻辑高电平变为逻辑低电平所需要的时间,它通常定义为信号电压幅度从 10% 提高到 90% 所需的时间。Microsemi FPGA 器件的输出缓冲器具有输出斜率可控的特性,分为高和低两个级别。如果希望缩短延时,建议使用高斜率选项。但如果没有采用正确的信号完整性设计方法,该选项也会给系统带来噪声。选择低斜率选项虽然可以减少这种噪声,但却会给系统增加延时,因此应根据具体应用来选择。

　　在 I/O 电平标准中,其中 LVTTL/LVCMOS 3.3 V,LVCMOS 2.5 V,LVCMOS 2.5 V/5.0 V、LVCMOS 1.8 V 和 LVCMOS 1.5 V 支持输出斜率的调整,其他 I/O 标准默认情况下均为高输出斜率。

2.4.4　斯密特触发器

斯密特触发器是一种用于将慢速的有噪音的输入信号在传输给 FPGA 之前，将其转换为干净信号的缓冲器。使用斯密特触发器可保证传输给 FPGA 的是一个快速无噪音的信号。该特性用于 LVTTL、LVCMOS 和 3.3V PCI I/O 标准。

施密特触发器的原理较为简单，可以用如图 2.15 所示的滞回曲线解释其工作原理。在输入电压方面，施密特触发器有两个阈值电压 V_{T-} 和 V_{T+}，这两个阈值电压之差就称为"回差电压"。

如图 2.15 中右上方线所示，当输入电压 u_i 小于 V_{T+} 时，输出电压 u_o 一直为高电平；当 u_i 大于 V_{T+} 时，u_o 输出低电平；图中左下方线表示的情况则是，u_i 从大于 V_{T-} 到小于 V_{T-} 变化时，u_o 从低电平到高电平变化的情况。

根据对滞回曲线的分析，图 2.16 中的施密特触发器是由两个 CMOS 反相器组成的，两个反相器同时工作，就能实现 u_o 跟随 u_i 的变化而变化。在施密特触发器消除噪声的应用中，就是利用滞回曲线，将处于回差电压内的信号变化都滤除，从而得到一个比较干净的信号。

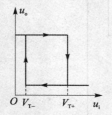

图 2.15　滞回曲线

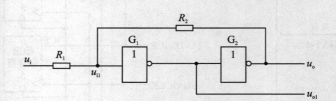

图 2.16　CMOS 反相器组成的施密特触发器

2.4.5　ESD 保护

Microsemi FPGA 器件经过了 JEDEC 标准 JESD22 - A114 - B 的测试。FPGA 每个 I/O、全局和电源引脚上都含有钳位二极管。钳位二极管可以保护 FPGA 器件的几乎所有引脚，防止 ESD 和过多电压瞬变带来的损害。几乎所有 Microsemi FPGA 器件都通过了 2 kV 的 ESD HBM（人体放电）模式放电测试。其中，A3P060 芯片通过了 1 kV 的 ESD HBM 模式放电测试，AFS600 芯片的数字和模拟引脚通过了 2 kV 的 ESD HBM 模式放电测试。

每个 I/O 都含两个钳位二极管。第一个二极管的正向端（P）与 I/O 引脚相连，负向端（N）与 VCCI 连接；第二个二极管的 P 端与 GND 连接，N 端与 I/O 引脚连接。在操作过程中，这些二极管通常都是断开的，直至跳变电压明显超过 VCCI 电平或低于 GND 电平时才使用。通过选择合适的 I/O 配置，可以导通或断开二极管。

2.4.6　I/O 命名规则

Microsemi FPGA 器件的用户 I/O 有着出色的灵活特性，为了便于用户更好地识别不同性质的 I/O，Microsemi 公司使用了一个命名机制来指示 I/O 的详细信息，可用于指明该 I/O 的分组情况、差分 I/O 的配对情况以及引脚极性等信息。I/O 命名规则一览表如表 2.2 所列。

表 2.2　I/O 命名规则一览表

命名信息	解　　释
I/O 名称	G_m_n/IO_u_x_w_By_Vz
G	标记该引脚为全局引脚
m	标记器件上每个与 CCC 有关的全局引脚的位置：A(西北角)、B(东北角)、C(中东部)、D(东南角)、E(西北角)和 F(中西部)
n	全局输入 MUX 和全局位置 m 有关的引脚编号，可以是 A0、A1、A2、B0、B1、B2、C0、C1 或 C2。每个 CCC 都有一个 3 输入的 MUX，可以选择 CCC 的输入引脚
u	组中 I/O 的编号，编号从 00 开始，以顺时针方向从西北角的 I/O 组开始编号
x	可表示为 P(正极)、N(负极)、R(单端)、U(正极)、V(负极)。其中 P 和 N、U 和 V 都表示差分对，但 U 和 V 不能作为 LVPECL 的差分对使用；R 可表示为具有电压参考型的单端 I/O
w	可表示为 D(差分对)、P(对)、S(单端)。一对引脚中两个成员都外连到相邻的引脚或只被一个 GND 或 NC 引脚隔开时，则为 D(差分对)；一对引脚中两个成员都外连出来但不满足相邻连接的要求时，则为 P(对)；I/O 对没有外连出来时，则为 S(单端)。对于差分对(D)来说，BGA 封装的器件相邻针对的是垂直和水平方向，对角线相邻不符合一个真正差分对的要求
By	Bank 的编号 y。组的编号从 0 开始，各组从西北角的 I/O 组开始，以顺时针方向进行编号
Vz	V：参考电压；z：迷你组的编号

第 3 章

FPGA 片内外设

✎ 本章导读

丰富的外设资源是 FPGA 高集成度的体现,同时也是 FPGA 单芯片解决方案所必需的资源。不同架构的 FPGA,其片内外设也存在区别,但像 SRAM、PLL 等基本外设却是相似的。

本章主要介绍 Microsemi FPGA 内部主要片内外设的功能,其中包括 SRAM、Flash RAM、PLL 等,以便让读者对 FPGA 所能实现的功能有更详细的了解。

3.1 片内 SRAM

3.1.1 SRAM 的原理

1. SRAM 的基本结构

SRAM 称为静态随机存取存储器,由存储阵列、地址译码器和输入/输出控制电路 3 部分组成,其结构框图如图 3.1 所示。其中 $A_0 \sim A_{n-1}$ 是 n 根地址线,$I/O_0 \sim I/O_{m-1}$ 是 m 根双向数据线,其容量为 $2^n \times m$ 位。$\overline{OE}$ 为输出使能信号,$\overline{WE}$ 是写使能信号,$\overline{CE}$ 为片选信号。只有在 $\overline{CE}=0$ 时,RAM 才能进行正常读/写操作;否则,三态缓冲器均为高阻,SRAM 不工作。这种情况下,可使 SRAM 进入微功耗状态,从而降低器件功耗。I/O 电路主要包含数据输入驱动电路和读出放大器,以使 SRAM 内外的电平能更好地匹配。SRAM 的工作模式如表 3.1 所列。

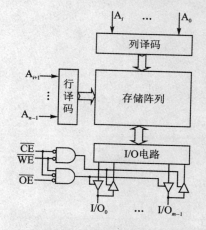

图 3.1　SRAM 的结构框图

2. SRAM 存储单元

如图 3.2 中所示,RAM 存储功能主要是由存储阵列实现的。我们可以把存储阵列理解为类似于 LED 点阵形式,每一个点阵元素都能实现 1 位二进制数值的存储。

SRAM 的存储单元是由锁存器(或触发器)构成的,因此 SRAM 属于时序逻辑电路。图 3.2 画出了存储阵列中第 j 列、第 i 行的存储单元结构示意图。虚线框中为 6 管 SRAM 存储单元,这也是 SRAM 架构 FPGA 的开关结构。其中 $T_1 \sim T_4$ 构成一个 SR 锁存器,用来存储

表 3.1　SRAM 的工作模式

工作模式	$\overline{\text{CE}}$	$\overline{\text{WE}}$	$\overline{\text{OE}}$	$I/O_0 \sim I/O_{m-1}$
保持(微功耗)	1	x	x	高阻
读	0	1	0	数据输出
写	0	0	x	数据输入
输出无效	0	1	1	高阻

1 位二进制数据。X_i 为行译码器的输出，Y_j 为列译码器的输出。T_5、T_6 为本单元的控制门，由行选择线 X_i 控制。$X_i = 1$，T_5、T_6 导通，锁存器与位线接通；$X_i = 0$，T_5、T_6 截止，锁存器与位线隔离。T_7、T_8 为某一列存储单元共用的控制门，用于控制位线"与"数据线的连接状态，由列选择线 Y_j 控制。显然，只有当行选择线和列选择线均为高电平时，$T_5 \sim T_8$ 都导通，锁存器的输出才与数据线接通，该单元才能通过数据线传送数据。因此，对于该种结构的存储单元能够进行读/写操作的条件是：与它相连的行、列选择线都为高电平状态。

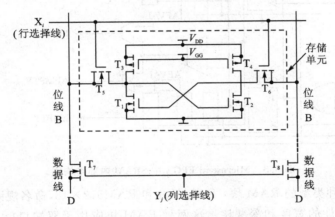

图 3.2　第 j 列、第 i 行的存储单元结构示意图

由此可见，SRAM 中数据由锁存器记忆，只要不断电，无需刷新数据，数据都能永久保存（忽略外界高能粒子对其产生的影响）。

3. SRAM 的操作

SRAM 工作时有读和写两种操作，它们是分时进行的。大多数 SRAM 的读周期和写周期是相等的，一般为几纳秒到几十纳秒。关于 SRAM 的读/写时序这里不进行详细叙述，请参考相关厂商的 SRAM 数据手册。

3.1.2　SRAM 的资源及使用

在 Microsemi Flash FPGA 中，A3P030 以上的器件，如 A3P060、A3P125、A3P250、A3P400、A3PE3000 等，其内部具有 18～504K 位的 SRAM 资源。

FPGA 器件内部的 SRAM 又称为嵌入式 SRAM，用来进行一些数据的缓存。FPGA 对信号进行运算或处理时往往需要缓冲区来暂存这些数据。嵌入式 SRAM 满足 FPGA 对小容量数据缓冲的需求，它们分布于器件的北部或者南部区域，根据器件容量的不同，其分布状态也不同。为了满足高性能设计的需要,SRAM 存储块的读/写操作都在时钟同步的模式下执行,读/写时钟可以独立。根据器件速度等级的不同,SRAM 存储块可以工作在 193～310 MHz。每个 SRAM 内部都带有硬件的 FIFO 控制器,详见图 3.3。

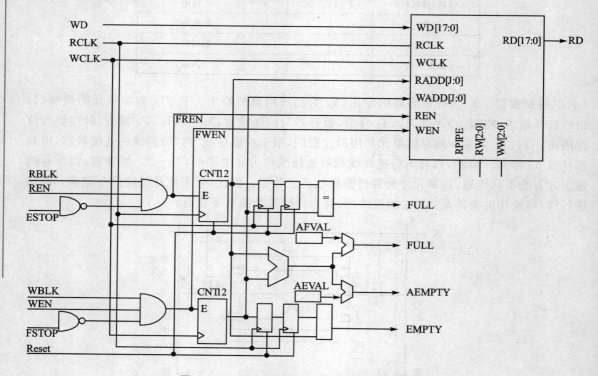

图 3.3　Microsemi FPGA 中 SRAM 内部结构图

SRAM 使用两种类型的 RAM 块:RAM4K9 和 RAM512×18,命名规则涉及最大的深度和宽度,没有涉及可能的宽度和深度比。这两种 RAM 块应用于双端口(dual port)的 RAM 和两个端口(two port)的 RAM。

双端口的 RAM 使用 RAM4K9 的模块,两个端口的 RAM 使用 RAM4K9 和 RAM512×18 的模块。双端口 RAM 允许 RAM 的两个端口独立地进行读或写;两个端口 RAM 允许 RAM 使用一个共用的时钟或独立的读/写时钟,一个端口读取数据,另一个端口写入数据。这两种 RAM 块都可以配置成不同的读/写位宽。例如:可以通过一个 4 位的端口来写入,而通过一个 1 位的端口来读取。两个端口的 RAM 选择哪种 RAM 块由设定的数据宽度决定,如果数据宽度大于 9 位,则使用 RAM512×18 模块,反之则使用 RAM4K9。但是注意,若设置写端口为 9 位,而读端口为 4 位,则执行读操作时只有每个 9 位数据的第一个 4 位和第二个 4 位可寻址,第 9 位不能访问;反之,如果写端口为 4 位数据,读端口为 9 位数据,则第 9 位的数据为不定态。

Microsemi FPGA 支持多个 SRAM 模块堆叠以实现不同的宽度和深度的配置。双端口的 RAM 使用 RAM4K9 模块,可以配置成 512×9 位、1K×4 位、2K×2 位或 4K×1 位模式。两个端口的 RAM 使用 RAM4K9 和 RAM512×18,可以配置成 1K×4 位、2K×2 位、4K×1 位、512×9 位和 256×18 位模式。例如:深 256 宽 32 位的两个端口 RAM 由两个 RAM512×

18 模块组成,并且 RAM512×18 模块被配置成 256×18 位模式。第一个 18 位存储在第一个 RAM 模块中,余下的 14 位在另一个 RAM 模块中实现,第二个 RAM 模块有 4 位未使用。类似地,一个深 8192 宽 8 位的双端口 RAM 由 16 个 RAM4K9 的 RAM 模块来实现,RAM4K9 深度和宽度配置为 4096×1 位模式,将这 16 个模块在深度上层叠 2 个以实现 8192 深度,宽度上层叠 8 个以实现 8 位宽度,因此总共需要 16 个 RAM 块。表 3.2 是不同器件最大深度和宽度的可能配置。

表 3.2　不同器件最大存储深度和宽度的可能配置

器　件	RAM 模块	可能的最大宽度[1]		可能的最大深度[2]	
		深度	宽度	深度	宽度
A3P060	4	256	72(4×18)	16 384(4 096×4)	1
A3P125	8	256	144(8×18)	32 768(4 096×8)	1
A3P250	8	256	144(8×18)	32 768(4 096×8)	1
A3P400	12	256	216(12×18)	49 152(4 096×12)	1
A3P600	24	256	432(24×18)	98 304(4 096×24)	1
A3P1000	32	256	576(32×18)	131 072(4 096×32)	1

注:(1) 可能的最大宽度针对两个端口 RAM 配置。
　　(2) 可能的最大深度针对双端口 RAM 配置。

3.1.3　SRAM 的操作模式

SRAM 读模式和写模式有以下几种:

1. 非流水线读(同步)

在标准读模式中,在读地址信号 RADDR 有效和读使能信号 REN 有效之后的一个时钟周期内,新数据送到 RD 总线上。读地址信号在读时钟有效沿被记录,在 SRAM 访问时间过后数据出现在 RD 上,时序详见图 3.4。

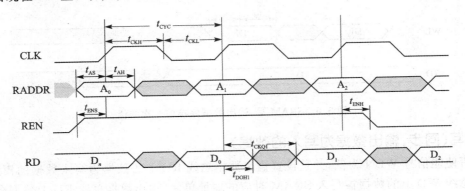

图 3.4　SRAM 非流水线读

2. 流水线读(同步)

流水线模式会在地址有效至数据有效之间增加一个额外的时钟,但是它使得操作能在更高的频率下进行。读地址信号在读时钟信号有效沿被记录,在第二个读时钟沿之后,读数据信号将出现在 RD 上,以后都是一个时钟输出一个数据,时序详见图 3.5。

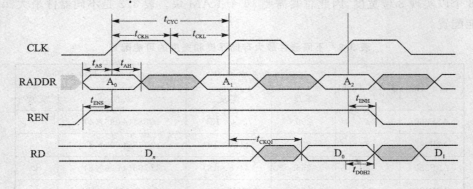

图 3.5 SRAM 流水线读

3. 写(同步,输出数据保持前一次的值)

若写使能信号 WEN 为低,并且设置输出数据总线 RD 上的数据保持前一次数据的模式,则输入数据总线 WD 上的数据被写入 SRAM 对应的地址单元,同时 RD 上保持前一次的数据。相对于写时钟而言,写地址、写使能和写数据的建立时间都很短,时序详见图 3.6。

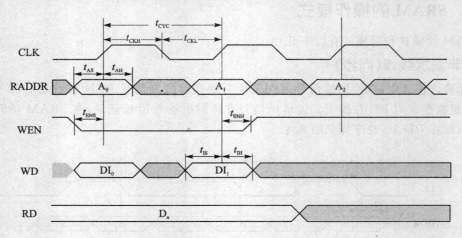

图 3.6 SRAM 写,输出数据保持前一次的值

4. 写(同步,输出数据为写入的数据)

若写使能信号 WEN 为低,并且设置输出数据总线 RD 上的数据为写入数据的模式,则输入数据总线 WD 上的数据被写入 SRAM 对应的地址单元,输出数据总线 RD 上数据会是输入的数据 WD,时序详见图 3.7。

☞ **注**：图中的时序都是针对双端口 RAM，因此读/写信号都是由 WEN 来控制的，高电平为读，低电平为写。两个端口的 RAM 的读/写时钟是分开的。

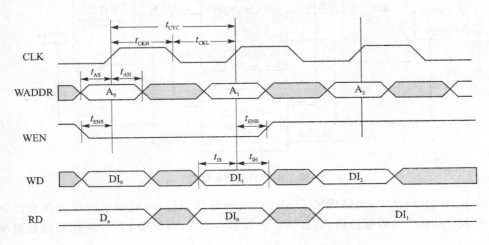

图 3.7　SRAM 写，输出数据为写入的数据

3.2　片内 FIFO

3.2.1　FIFO 的原理

1. FIFO 的结构

FIFO 可以称为先进先出的 SRAM。FIFO 与普通的 SRAM 结构上有较大的差别，它的数据输入和输出端口是分开的，没有地址输入端，但内部有一个读地址指针计数器和写地址指针计数器，以此来确定读/写地址，如图 3.8 所示。

写操作时，写控制信号有效，将输入数据总线的数据写入写指针指向的地址单元中，然后写指针计数器加 1。读操作时与此类似。

FIFO 的存储介质是一个双端口的 SRAM，可以同时进行读/写操作，但不允许同一时刻对同一地址进行读/写操作。

FIFO 在满、将满、空、将空信号的控制下进行操作，控制的原则是：写满不溢出，读空不多读。因此有：

$$空标志 = (|写地址 - 读地址| \leqslant 预定值) \&\& (写地址超前读地址)$$
$$满标志 = (|写地址 - 读地址| \leqslant 预定值) \&\& (读地址超前写地址)$$

2. FIFO 的应用

FIFO 多用做数据缓冲器，特别适合用于需要长时间、不间断、高速数据采集的缓冲器。

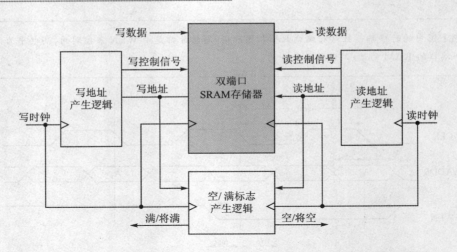

图 3.8　FIFO 结构框图

在现代的电子产品设计中,大规模的 FPGA 能实现复杂的设计,同时系统中往往会出现多个时钟。在多时钟域内的数据传输,其数据丢失概率不为零,而异步 FIFO 就能很好地解决这个问题。

图 3.8 中可以看出,如果写时钟和读时钟相互独立,则这个 FIFO 就是异步 FIFO,一般用于多时钟域内的同步;如果写时钟和读时钟是同一个时钟,则这个 FIFO 就是同步 FIFO,一般用于数据缓存。

3.2.2　FIFO 的特点及应用

片内的 FIFO 资源和片内的 SRAM 资源是相同的,FIFO 的存储单元就是 FPGA 内部的 SRAM。每一个 4 608 位 SRAM 块都有一个硬件的 FIFO 控制器,不占用 FPGA 的逻辑资源,这是 Microsemi Flash FPGA 的一大特点。

Microsemi 公司设计了三种类型的 FIFO,分别是:内嵌硬件 FIFO 控制器的同步 FIFO、带有存储单元的软控制器的 FIFO、不带存储单元的软控制器的 FIFO。第一种类型不占用逻辑资源,它与 SRAM 一起使用;第二种类型的控制器用逻辑资源搭建,存储器用内部的 SRAM;第三种类型是独立的控制器,用逻辑资源搭建,不带有存储单元,但有读/写信号和地址信号输出。

如图 3.9 所示为 Microsemi FPGA 片内 FIFO 的结构图,整个结构由 SRAM 块和 FIFO 控制逻辑组成。

Microsemi FPGA 内每个 4K 位的 SRAM 块内部都带有 FIFO 控制器。当只作为 SRAM 使用时,控制器被旁路;当作为 FIFO 使用时,控制器被使能,并产生一些标志信号,如 FULL、EMPTY、AFULL、AEMPTY 等。

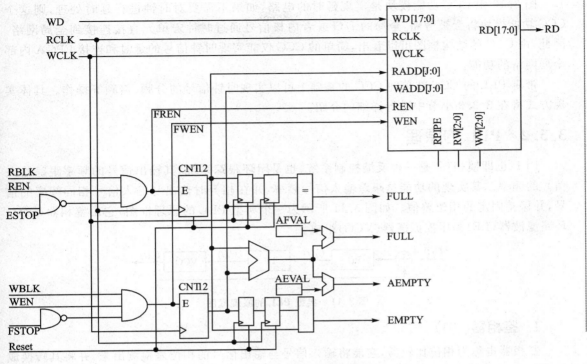

图 3.9　Microsemi FPGA 片内 FIFO 的结构

3.3　时钟调整电路与模拟锁相环

3.3.1　CCC 的原理

CCC(Clock Conditioning Circuits)是时钟调整电路,顾名思义就是用于对时钟信号的调整。CCC 的结构如图 3.10 所示。

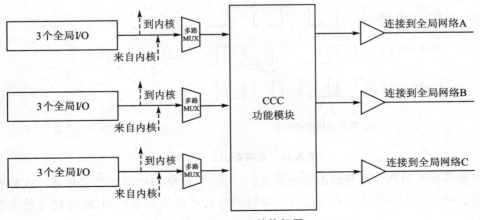

图 3.10　CCC 结构框图

图 3.10 中 CCC 功能模块是实现延时的电路,如果不需要对时钟进行延时处理,则这个 CCC 功能模块将会被旁路,全局的 I/O 或者内核信号通过时钟宏单元直接连接到全局网络。因此,由 CCC 的结构框图可以看出,简单的 CCC 仅能实现时钟信号的延时和连接 FPGA 内部全局网络的功能。

带有 PLL 的 CCC 在单纯 CCC 的基础上可以实现时钟信号的分频、倍频等操作。具体实现方式将在 3.3.3 小节中进行详细的介绍。

3.3.2　PLL 的原理

PLL 也即锁相环;是一种反馈控制系统,也是闭环跟踪系统,其输出信号的频率跟踪输入信号的频率。其实现的功能是跟踪输入信号频率,并在相等时输出与输入信号相同频率的信号,并保持固定的相位差值。如图 3.11 所示为一个典型 PLL 的原理框图,它由鉴相器(PD)、环路滤波器(LF)和压控振荡器(VCO)组成。

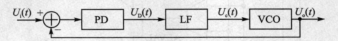

图 3.11　典型 PLL 的原理框图

1. 鉴相器(PD)

鉴相器也称为相位比较器,它能将输入信号与输出信号的相位差检测出来,并将其转换成电压信号 $U_D(t)$,称为误差电压。因而鉴相器是一个相位差-电压的转换电路。构成鉴相器的电路很多,这里仅介绍两种。

当鉴相器检测的两个信号的占空比都为 50% 时,可以使用"异或"门鉴相器。如图 3.12(a) 所示,当向鉴相器输入的两个信号存在相位差 $\Delta\theta$ 时,鉴相器输出的波形将与 $\Delta\theta$ 有关。将这一波形通过积分器平滑,而这个电压与 $\Delta\theta$ 依然有关系。因此,可以使用这种鉴相器进行相位差与电压之间的转换。

不同的 $\Delta\theta$ 有不同的直流分量 U,直流分量可以由 $U = V_{DD} \times \Delta\theta \div \pi$ 得到,$\Delta\theta$ 和 U 之间的关系如图 3.12(b)所示。

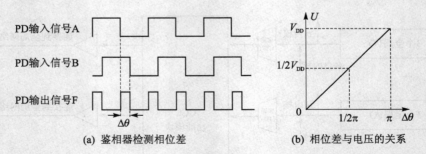

(a) 鉴相器检测相位差　　　　　(b) 相位差与电压的关系

图 3.12　鉴相器的工作原理

当鉴相器检测的两个信号的占空比不是 50% 时,可以使用边沿触发鉴相器。这种鉴相器是通过比较两个输入信号的上升沿或者下降沿来对信号进行鉴相的,对输入信号的占空比没有要求。

2. 环路滤波器(LF)

环路滤波器一般为低通滤波器,用于滤除鉴相器输出电压 $U_D(t)$ 中的高频分量和干扰信号,从而获得压控振荡器的输入控制电压 $U_c(t)$。

3. 压控振荡器(VCO)

压控振荡器是振荡角频率 $\omega_0(t)$ 受控制电压 $U_F(t)$ 控制的振荡器,即是一种电压-角频率变换器。VCO 的特性可以用瞬时角频率 $\omega_0(t)$ 与控制电压 $U_F(t)$ 之间的关系来表示。未加控制电压时(但不能认为就是控制直流电压为 0,因控制端电压应是直流电压和控制电压的叠加),VCO 的振荡角频率,称为自由振荡角频率 ω_{om},或中心角频率。在 VCO 线性控制范围内,其瞬时角频率可表示为:

$$\omega_0(t) = \omega_{om} + K_0 U_F(t)$$

式中: K_0 表示 VCO 控制特性曲线的斜率,常称为 VCO 的控制灵敏度,或称为压控灵敏度。

3.3.3　CCC/PLL 的资源分布

1. Microsemi FPGA 内部的 CCC/PLL 分布

如图 3.13 所示为 PLL 在 FPGA 内部结构分布的示意图。Microsemi FPGA 各系列芯片的 CCC 和 PLL 资源如表 3.3 所列。

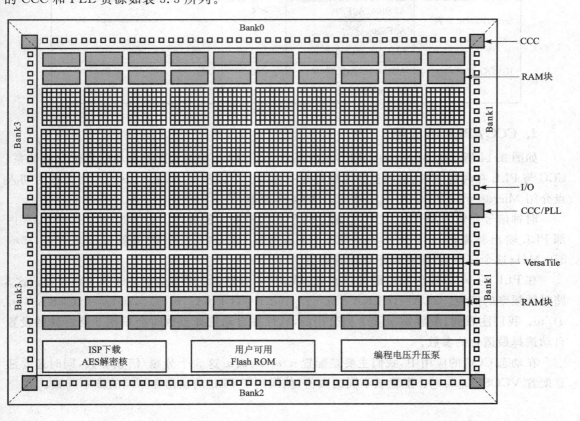

图 3.13　PLL 在 FPGA 内部结构分布

模拟锁相环(PLL)通常用于时钟的倍频和分频处理、时钟相位调整、时钟信号延时。PLL 输出频率范围为 $0.75\sim350$ MHz;它有 3 个相位调整模块,可实现 0°、90°、180°、270° 的相位调整;PLL 还具有一个固定的延时模块和 6 个可编程的延时模块,延时调整范围为 $0\sim6.735$ ns,步进为 200 ps,延时模块可以调整输出时钟的偏斜;在关断模式下,可以关断 PLL。在关断模式下,消耗电流只有 100 μA,输出全为 0。

表 3.3 Microsemi Flash FPGA 主要系列 PLL 分布一览表

器 件		CCC 个数	CCC 中内置 PLL 个数
ProASIC3 系列	A3P015、A3P030	2	0
	A3P060～A3P1000	6	1
	ProASIC3/E 系列	6	6
	ProASIC3L 系列	6	1 （A3PE3000L 有 6 个 PLL）
	ProASIC3 nano 系列	6	1 （A3PN060 及以上有 1 个 PLL）
Fusion 系列	AFS090、AFS250	6	1
	AFS600、AFS1500	6	2
SmartFusion 系列	A2F060、A2F200	6	1
	A2F500	6	2
IGLOO 系列	AGL015、AGL030	2	0
	AGL060～AGL1000	6	1
	IGLOO/E 系列	6	6

2. CCC / PLL 的应用

如图 3.14 所示为 Microsemi FPGA 内部的 CCC/PLL 的结构图以及与配置位对应关系,CCC 与 PLL 在时钟分频、倍频上的原理都是一样的。下面从 n、m、u、v、w 这 5 个参数为切入点介绍 Microsemi FPGA 的 CCC 中 PLL 的工作原理。

时钟信号在输入到 PLL 之前,会通过两个参数 m 和 n 的处理。由于 Microsemi FPGA 内部 PLL 输出频率的范围为 $0.75\sim350$ MHz,所以 $\text{CLKA}\times m/n$ 的值就应该落在 $0.75\sim350$ MHz 这个区域,否则将得不到正确的值。

在 PLL 的 VCO 输出端后面可以连接 3 路时钟,分别有 3 个参数对应于这 3 路时钟。这 3 路时钟频率的值为:$\text{GLA}=(\text{CLKA}\times m/n)/u$;$\text{GLB}=(\text{CLKA}\times m/n)/v$;$\text{GLC}=(\text{CLKA}\times m/n)/w$。我们注意到,参数 m、n 是 3 路公用的,软件在自动选择参数时会根据 3 路时钟的设置自动选择最适合的参数。

在动态 CCC 的应用中,我们主要是配置 n、m、u、v、w 这 5 个分频/倍频参数,同时还要注意配置 VCOSEL[2:0]。配置成不同的数值,就限定了 PLL 的输出在不同的频率区域。

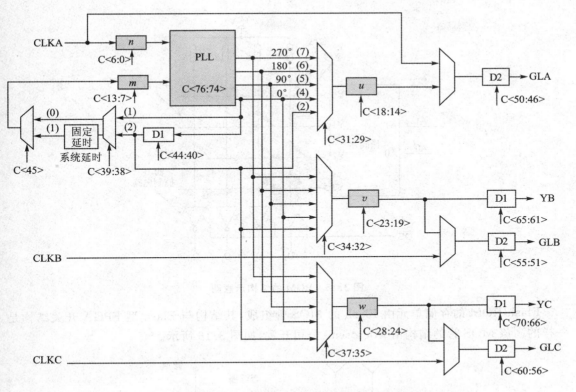

图 3.14　CCC/PLL 的结构图以及与配置位对应关系

3.4　Flash ROM

3.4.1　Flash ROM 的原理

ROM 是指只读存储器,Flash ROM 是 ROM 的一种,其只读特性表现为主控制器在运行状态下只能对 ROM 进行读操作,不可进行写操作。根据 ROM 的种类不同,对 ROM 的写入方式也不一样,Flash ROM 是属于可编程 ROM 中的电可擦除类别。

1. Flash ROM 的结构

一般而言,存储器由存储阵列、地址译码器和输出控制电路 3 部分组成,如图 3.15 所示。输出控制电路一般都包含三态缓冲器,以便与系统的数据总线连接。当有数据读出时,可以有足够的能力驱动数据总线;而当没有数据输出时,输出高阻态不会对数据总线产生影响。

在图 3.15 中,存储阵列中字线和位线交叉处相当于一个存储单元。此处若有二极管存在,则相当于存储单元存有 1 值,否则为 0 值。当然,存储阵列可以采用带金属熔丝的二极管、SIMOS 管、Flotox MOS 管和 Flash MOS 管等,制成各种可编程的 ROM。

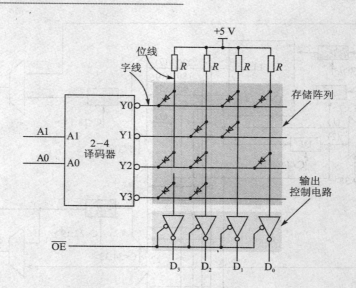

图 3.15　ROM 的结构示意图

Flash ROM 的存储单元由 Flash 的 MOS 管组成,其结构与 Flash 型 FPGA 开关结构是一样的。该 MOS 管的结构由 Microsemi 公司开发,如图 3.16 所示。

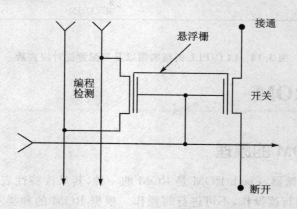

图 3.16　Flash ROM 存储单元结构(即开关结构)

2. Flash ROM 的应用

与 RAM 不同,ROM 常用于存放系统程序、数据表、字符代码等不易变化的数据,例如:公交车的 IC 卡、数码相机中的存储卡、移动存储卡以及 MP3 播放器等。Flash ROM 也是如此,可用于存放密钥、产品序列号、用户 ID 等信息,为用户提供不易变化数据的存储。

3.4.2　Flash ROM 的资源

Microsemi Flash FPGA 中含有 1K 位,即 128 字节的 Flash ROM,可通过 IEEE 1532 JTAG 端口对它进行读/写操作;而 FPGA 的内核只能对其进行读操作。

Flash ROM 物理大小为 8×128 位，逻辑上分为 8 个页，每页的宽度为 16 字节。编程以页为最小单位，即使仅修改了某一个字节也会对整个页进行重新编程。图 3.17 给出的是 Flash ROM 的资源结构。在 SmartGen(FPGA 开发软件)软件中，可以单独对某个页的某个字节进行设置。FPGA 内核通过一个 7 位的地址来读取整个 Flash ROM，其中高 3 位寻址 8 页，低 4 位寻址一页中的 16 字节。Flash ROM 支持同步读取，最大支持频率为 15 MHz。

		页面中的字节编号　（地址的低4位）															
		15	14	13	12	11	10	9	8	7	6	5	4	3	2	1	0
页面编号（地址的高3位）	7																
	6																
	5																
	4																
	3																
	2																
	1																
	0																

图 3.17　Flash ROM 资源结构

3.5　Flash Memory

Microsemi 公司的 Fusion 与 SmartFusion 系列 FPGA，作为业界唯一集成模拟功能的 FPGA，是唯一支持混合信号设计的 FPGA，Fusion 和 SmartFusion 系列 FPGA 拥有一般 FPGA 所没有的 Flash Memory、RTC、ADC 等模块，而这正是 Fusion 和 SmartFusion 系列的亮点。SmartFusion 在 Fusion 系列的基础上又嵌入硬核 Cortex - M3，更适合于 SoC 方案的应用。

3.5.1　Flash Memory 的存储原理

Flash Memory 的存储原理与 Flash ROM 的原理是一样的，这里不再赘述，但是两者在操作上有很多不同点。因为 Flash Memory 有擦写次数的限制，所以无论是对 Flash 进行读还是写操作，都有缓冲区处理，从而避免了对同一页/同一块操作的情况下，发生多次操作的现象。

1. Flash Memory 内部结构

图 3.18 是 Flash Memory 的内部结构图，大致由 Flash 阵列块、页面缓冲区、块缓冲区、ECC 逻辑、输出多路选择器等组成，具体将在下面介绍。

(1) Flash 阵列块

Flash 阵列块是 Flash 的数据存储区域，也叫 Flash 存储块(Flash Memory Block)，简称 FB。每个 FB 分为 64 个扇区，每个扇区包含 33 页，每页包含 8 个块和 1 个辅助块。每个块包含 16 字节和 12 位的控制位，每个辅助块有 70 位。33 页中有 1 页为备用页，用于存储模拟模块、RAM 初始化时数据，用户可用 32 页。因此，每个阵列块用户可用的空间＝64×32×8×16 字节＝256 KB＝2M 位。

每一页中的辅助块用于记录页的访问状态，如读/写保护、覆盖保护等。

(2) 页面缓冲区

页面缓冲区具有一个页的大小空间，包括 8 个块和 1 个辅助块，用于 Flash Memory 一页

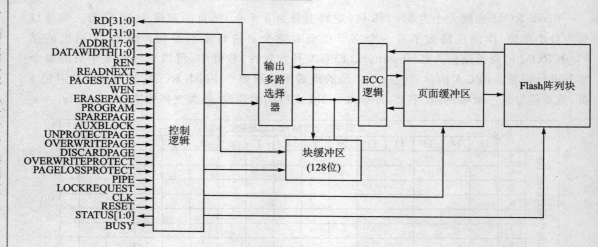

图 3.18　Flash Memory 内部结构图

数据的暂存。由于 Flash Memory 存在擦写寿命的问题,所以采用特殊的写操作方式。当执行写操作时,如果待写入的页刚好在页面缓冲区内,则直接修改页面缓冲区的内容,然后整页回写到 Flash 阵列块中;如果待写入的页不在页面缓冲区内,则先将该页从 Flash 阵列块中读出到页面缓冲区,然后修改页面缓冲区的内容,最后再回写到 Flash 阵列块中。这样的写操作方式可以大大增加 Flash 的使用寿命,同时也可以增加数据写入的速度。

(3) 块缓冲区

块缓冲区的大小为一个块的大小——128 位,它的作用与页面缓冲区有点区别,不是为了提高 Flash Memory 的使用寿命,而是为了提高 Flash Memory 的读取速度。由于 Flash Memory 的读取速度有限,而块缓冲区基于 SRAM 结构,速度要比 Flash 快很多,所以采用与写操作类似的方式。当执行一次读操作时,如果所读数据在块缓冲区内,则直接从块缓冲区读取;如果不在块缓冲区内,则将数据从 Flash 阵列块读取到外部的同时,也输出到块缓冲区,这样可以大大增加数据读取的速度。

(4) ECC 逻辑

ECC 逻辑用于数据的校验,并存放 Flash 数据错误的信息,包括数据块 1 位的数据纠正和 2 位的数据错误检测信息。

(5) 输出多路选择器

输出多路选择器用于选择输出的数据来源于块缓冲区还是 Flash 阵列块,输出可以配置为 8/16/32 位数据宽度。

2. Flash Memory 地址映射

Flash Memory 的空间模型如图 3.19 所示。

将整个 2M 位的 FB(Flash Memory Block)根据扇区、页、块等形式来进行划分,具体如下:

> 1 个 Flash 阵列＝64 扇区;
> 1 扇区＝32 个用户页＋1 个备用页;
> 1 页＝8 块＋1 个 AUX 块(辅助块);
> 1 块＝16 字节＋12 个控制位;

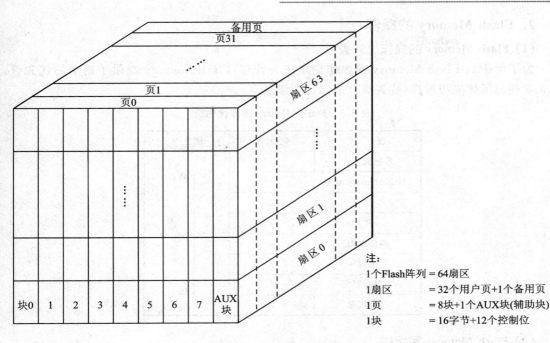

注:
1个Flash阵列＝64扇区
1扇区　　＝32个用户页+1个备用页
1页　　　＝8块+1个AUX块(辅助块)
1块　　　＝16字节+12个控制位

图 3.19　Flash Memory 地址映射

➤ 1 个 AUX 块＝70 位。

因此用户的可用空间＝64×32×8×16 字节＝256 KB。

每个 FB 都有 18 位地址线,可以寻址一个 FB 中的所有字节,具体映射对应关系如表 3.4 所列。

表 3.4　ADDR[17:0]分配

位序号	[17:12]	[11:7]	[6:4]	[3:0]
位名称	扇区	页面	区块	字节

☞ **注**:当一个扇区的备用页被选中时,即 SPAREPAGE 信号有效,那么 ADDR[11:7]被忽略;当一个页的辅助块被选中时,即 AUXBLOCK 信号有效,那么 ADDR[6:2]被忽略。但是第 0 扇区的备用页是不能被访问的,写入该页将会返回错误信息,并使输出都为 0。

3.5.2　Flash Memory 的资源与操作

1. Flash Memory 的资源分布

Microsemi Flash FPGA 内部的 Flash Memory 是以一个块的形式存在的,一个 Flash Memory 块为 2M 位的存储空间。根据不同型号的 FPGA,其 Flash Memory 的资源为 1～4 块,也即 Flash Memory 的存储空间为 2～8M 位。

2. Flash Memory 的操作

(1) Flash Memory 的操作优先级

为了便于对 Flash Memory 的操作请求统一管理,Flash Memory 提供了请求的优先级。表 3.5 列出了优先级顺序(优先级 0 表示优先级最高)。

表 3.5　Flash Memory 操作优先级

操　作	优先级	优先级
系统初始化	0	高
Flash Memory 复位	1	
读	2	
写	3	
擦除页面	4	
编程	5	
不保存页面	6	低
丢弃页面	7	

(2) Flash Memory 写操作

数据读/写操作都是基于一个块(1~4 字节)进行的,写操作是读→修改→写的过程,它经历以下几个步骤:

① 读。对某个不位于页面缓冲区的页面进行写操作时,将从 Flash 阵列中读取该页面,并将读取结果存放在页面缓冲区,同时将被寻址的块存放在块缓冲区。

② 修改。通过 WD 写入的数据将会修改块缓冲区的数据。将数据写入块缓冲区后,块缓冲区会被写入页面缓冲区以保证两个缓冲区同步。然后对同一区块执行写操作会同时覆盖块缓冲区和页面缓冲区的内容。当对页面中另外一个区块执行写操作时,被寻址区块将从页面缓冲区那里加载到块缓冲区,并且写过程按照先前描述的那样执行。

③ 写。等待用户将该页需要修改的数据修改完毕,然后通过 PROGRAM 信号将该页内容写入 Flash 阵列中进行更新。

如图 3.20 所示,虚线部分显示写数据的过程,即从加载数据到页面缓冲区再到编程 Flash 阵列的过程。

在进行写操作的过程中,刚开始是将预写页面从 Flash 阵列中加载到页面缓冲区,一般需要几百个时钟周期的时间,这时 FB(Flash Memory Block)控制逻辑会使 BUSY 信号有效(从 BUSY 输出有效到加载页面缓冲区完成之间,时钟周期个数是可变的)。将页加载到页面缓冲区后,被寻址数据块将从页面缓冲区加载到块缓冲区,之后对相同区块执行写操作将不会出现 BUSY 周期。但是当对页面中的另一区块执行写操作时,BUSY 信号将会持续 4 个时钟周期有效(若选择流水线模式时为 5 个周期),以便将数据写入页面缓冲区,并将当前所选区块加载到块缓冲区。

在 Flash Memory 操作时,由输出 STATUS 信号指示当前操作的状态是否正确。如果信号为 00,表明写操作成功;若出现非 0 状态,表明在写操作过程中发生一个错误,并停止写入过程。STATUS 的输出一直会保持到另外不同的操作发生才会改变。

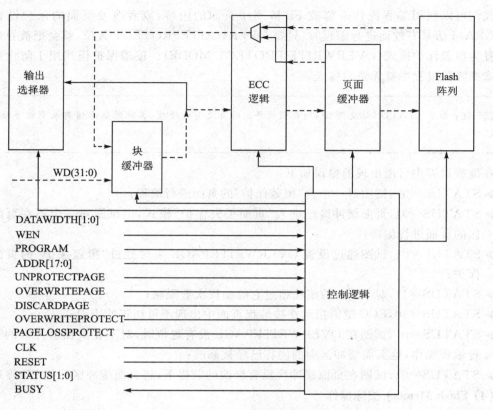

图 3.20　Flash Memory 写操作示意图

写错误包括如下几种情况：

➤ STATUS＝01,在一个页面进行了"覆盖保护"（即 OVERWRITEPROTECT 信号有效），却试图对其执行写操作,此操作没有执行。

➤ STATUS＝11,在"页面丢失保护"使能时（即 PAGELOSSPROTECT 信号有效），却试图对一个不在页面缓冲区的地址执行写操作,此操作没有执行。

(3) Flash Memory 的编程

当页面缓冲区的内容修改完成,需要将修改的数据更新到 FB 阵列块时,就得启动一次编程操作。编程操作通过 PROGRAM 信号有效来启动。编程的操作结果是将页面缓冲区的内容更新到 FB 阵列中。由于 FB 固有的技术限制,编程需要一定的时间,大约为 8 ms。在数据写入 FB 阵列过程中,BUSY 信号将变为有效。

在编程操作过程中,18 位 ADDR 上的扇区和页面地址需要与页面缓冲区中的扇区和页面地址进行比较。如果两个地址不匹配,便会中止编程操作,并且 STATUS 会指示错误状态。但是注意,我们也可以将页面缓冲区的内容写入 FB 阵列中的不同页面中,只要在 PROGRAM 信号有效前,将 OVERWRITEPAGE 置为有效,并且目标页面不含"覆盖保护"（OVERWRITEPROTECT 无效）,那么页面缓冲区内容将会写入 FB 阵列中 ADDR 指定的扇区和页面中。

我们可以利用编程操作来修改 FB 阵列中页面的内容，或者改变页面的保护设置。当 PROGRAM 信号有效而进行编程时，只要 OVERWRITEPROTECT 置位，就会把被寻址的页面设置为覆盖保护模式（OVERWRITE PROTECT MODE）。覆盖保护模式用于防止页面在编程或擦除的过程中被无意地覆盖。

☞ **注**：如果 STATUS 值变为 01，则表明被寻址的页没有被修改，其他的状态值都表明被寻址的页已被修改。

在编程过程中可能出现的错误如下：

➤ STATUS＝01，试图对一个含"覆盖保护"的页面进行编程；

➤ STATUS＝01，页面缓冲区已进入"页面丢失保护"模式，但试图对一个不在页面缓冲区的页面进行编程；

➤ STATUS＝01，试图通过设置 OVERWRITEPAGE 来对经过"覆盖保护"的页面进行保护；

➤ STATUS＝11，对 Flash 的编程超过它的编程次数限制；

➤ STATUS＝10，ECC 逻辑指示在被编程页面中出现不可纠正的错误；

➤ STATUS＝01，试图在 OVERWRITEPAGE 没有置位时，对不在页面缓冲区的页面进行编程操作，且页面缓冲区中的内容已经被修改；

➤ STATUS＝01，试图在页面缓冲区没有修改的前提下，将页面缓冲区写入 FB 阵列。

（4）Flash Memory 擦除操作

Flash Memory 擦除过程类似于编程操作，它通过 ERASEPAGE 引脚来启动，允许用户擦除任何一个页面，并将其全部设置成 0。擦除操作中使用的两个信号 OVERWRITEPAGE 和 PAGELOSSSPROTECT 的含义与编程操作中的含义相同。每页的擦除时间为 7 ms。

在操作过程中，STATUS 为 01 表示不擦除被寻址页面。在擦除过程中，常见的错误有以下几种：

➤ STATUS＝01，试图对一个含"覆盖保护"的页面进行擦除；

➤ STATUS＝01，页面缓冲区已进入"页面丢失保护"模式，但试图对一个不在页面缓冲区的页面进行擦除；

➤ STATUS＝10，ECC 逻辑指示在被擦除页面中出现不可纠正的错误；

➤ STATUS＝11，对 Flash 的编程超过它的编程次数限制。

（5）Flash Memory 读操作

Flash Memory 读操作可以从 FB 阵列、页面缓冲区或状态寄存器中读取数据。读操作支持两种模式——普通读和预读模式（预读模式可以通过设置 READNEXT 信号来使能）。而每种模式又可以分为流水线的读和非流水线的读，通过 PIPE 来进行使能设置。注意：当采用非流水线模式时，跨块读取数据需要 5 个时钟周期，而在同一个块中读取数据只需要 1 个时钟周期，而且在预读模式下最高时钟频率只能达到 50 MHz 左右；当使用流水线模式时，跨块读取数据需要 6 个时钟周期，在同一个块中读取数据只需要 1 个时钟周期，如果在预读模式下，最高时钟频率能达到 100 MHz。

① **普通读模式**

普通读分两种：非流水线的读和流水线的读。两者的区别是，流水线读模式数据出现的时间会比非流水线读模式要慢一个时钟周期，但是可以支持更高的时钟频率。

在读操作的过程中可能会出现以下错误指示：

➤ STATUS=01，检测到1位数据错误，并在被寻址的区块中纠正；

➤ STATUS=10，检测到2位数据错误，并未在被寻址的区块中纠正。

除了读取数据外，通过让PAGESTATUS和REN都置为有效，用户还可以读取FB中任意页面的状态。页面的状态寄存器各位的定义及说明分别如表3.6和表3.7所列。

表3.6　页面状态寄存器的位定义

位序号	[31:8]	[7:4]	3	2	1	0
位定义	写操作次数	保留	超过阈值	读保护	写保护	覆盖保护

表3.7　页面状态寄存器各位的说明

位序号	说　明
[31:8]	写操作次数。被寻址页面被编程/擦除的次数
[7:4]	保留。该位读取为0
3	超过阈值。如果正在被写入FB的页地址与页面缓冲器地址不匹配，该位置1
2	读保护位。该位通过JTAG接口来设置
1	写保护位。该位通过JTAG接口来设置
0	覆盖保护。在执行编程操作时，用户通过设置OVERWRITEPROTECT信号来设置该页为覆盖保护模式。此模式下该页不能被写入，除非使用"解保护页面"的操作

② **预读模式**

预读模式是指，当读取块缓冲区数据时，下一个与块缓冲区相邻的块已经被读取。它的目标是使连续读操作之间的等待时间达到最短。

预读操作是一种预先操作的行为，因为它超前就把要读的数据准备好。一般情况下的预读有如下几种情形：

➤ 如果正在读取同一个页中的区块，则被预读的是线性递增地址的下一个地址；

➤ 如果正在读取一个页中的最后一个区块，则被预读的是下个页的第一个块地址；

➤ 如果正在读取一个扇区的备用页，则被预读的是下一个扇区的备用页；

➤ 如果正在读取一个页中的辅助块，则被预读的是连续的下一个页中的辅助块；

➤ 读取完最后一个扇区后又回到扇区0。

当ADDR地址线上的地址与预读的超前地址不匹配时，该次的读取操作会需要一定的额外调整时间。FB将会在下一个读操作之前，一直忙于结束当前的预读操作，最坏的情况是在数据有效之前总共需要9个时钟周期。

预读模式加上流水线模式可以达到100 Mbps的传输速度，访问的地址决定访问的时间，也就是说，对不同地址的访问时间是不一样的。当对第一个数据块进行访问时，需要5/6个时钟周期。对下一个连续地址块的数据读取不会产生 BUSY 信号。如果是对不连续块的数据读取,也就是随机读取,则会产生额外的 BUSY 等待信号,时间不定,一般需要 4 个时钟周期左右。读取同一个块内的数据只需 1 个时钟周期,没有 BUSY 信号。

3.6　时钟资源

Fusion 和 SmartFusion 系列含有功能齐全的内部时钟资源,如图 3.21 所示,内部具有 RC 振荡器、晶振电路、PLL 和 NGMUX 等,可以为系统提供可靠的时钟,并可对时钟进行调整。Fusion 所集成的 RC 振荡器可以提供 $100(1\pm1\ \%)$ MHz 的时钟,适用于对时钟精度要求不高的场合。晶振电路可以使外部挂接无源晶振或者 RC 网络。作为时钟调整的 CCC、PLL,可以接受来自 RC 振荡器、晶振电路、时钟的 I/O 引脚或者内核的信号输入。Fusion 系列器件都含有 6 个 CCC,这些输入信号通过 CCC 可以连接到全局网络。NGMUX 可用于需要进行多时钟切换的场合,它所带来的好处是无竞争冒险的切换时钟。

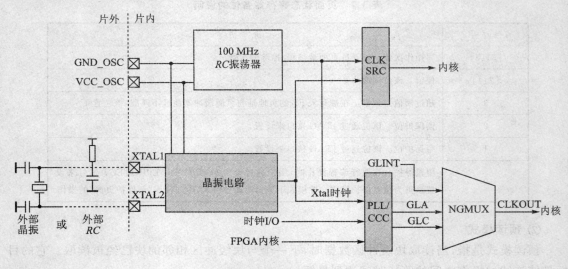

图 3.21　内部时钟资源

3.6.1　RC 振荡器的原理

RC 振荡器一般会由一个 RC 选频网络和一个电压放大电路组成,其中 RC 选频网络负责确定频率特性以及频率的大小,而放大电路则实现起振条件的设置。一般情况下,放大电路应具有尽可能大的输入阻抗和尽可能小的输出阻抗,以减少放大电路对选频特性的影响,使振荡频率几乎仅仅取决于选频网络。

如图 3.22(a)所示为 RC 选频网络的一个示例。我们知道,当信号频率从零逐渐变化到无穷大时,U_f 的相位将从 $+90°$ 逐渐变化到 $-90°$。因此,对于 RC 选频网络,必定存在一个频率 f_0,当 $f=f_0$ 时,U_f 与 U_o 同相。通过计算可以求出 RC 选频网络的频率特性和频率 f_0。

一般选取 $R_1=R_2=R$,$C_1=C_2=C$,则该选频网络的频率特性为:

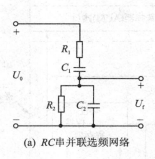

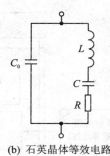

(a) RC 串并联选频网络　　　　(b) 石英晶体等效电路

图 3.22　RC 串并联选频网络和晶体等效电路

$$f = \frac{1}{3 + \mathrm{j}\left(\omega RC - \dfrac{1}{\omega RC}\right)}$$

RC 选频网络选出的频率 f_0 为：

$$f_0 = \frac{\omega_0}{2\pi RC}$$

3.6.2　晶体振荡器的原理

　　常见的晶体振荡器有陶瓷振荡器、石英振荡器等，一般具有 10^{-6} 以上的精度，可以给器件内部或外部系统提供时钟，同样它也可以提供给 CCC/PLL 进行时钟调整，以满足用户的不同要求。其总体框图见图 3.21。

　　晶体振荡器即石英晶体振荡器，其特点就是石英晶片拥有非常稳定的固有频率，因此对于时钟精度要求很高的场合，应该选用石英晶体作为选频网络。

　　将晶圆按照晶体的方向分割成小晶片，再将晶片两面抛光并通过工艺镀银，加以封装就构成晶体振荡器。其等效电路如图 3.22(b) 所示。

　　晶体振荡器品质因数的表达式为：

$$Q \approx \frac{1}{R}\sqrt{\frac{L}{C}}$$

　　由于 C 和 R 的数值都很小，L 的数值很大，所以 Q 值高达 $10^4 \sim 10^6$。而且，因为振荡频率几乎仅决定于晶片的尺寸，所以其稳定度可达 $10^{-6} \sim 10^{-8}$，一些产品甚至高达 $10^{-10} \sim 10^{-11}$。而即使最好的 LC 振荡电路，Q 值也只能达到几百，因此，石英晶体的选频特性是其他选频网络不能比拟的。

3.6.3　实时定时器的原理

1. RTC 的组成结构

　　Fusion 器件增加了实时定时器（Real Time Counter, RTC）电路，属于模拟模块的一部分，可以用于睡眠模式的唤醒定时器、看门狗定时器等，不过需要晶振的配合使用。图 3.23 是 RTC 内部的结构图，主要由 ACM 接口、7 位预分频器、控制/状态寄存器、40 位计数器、40 位匹配寄存器以及 40 位读取-保持寄存器组成。下面简单介绍各部分的作用。

　　➤ ACM 接口：RTC 的内部寄存器，例如：初始化控制寄存器、匹配寄存器等，需要由

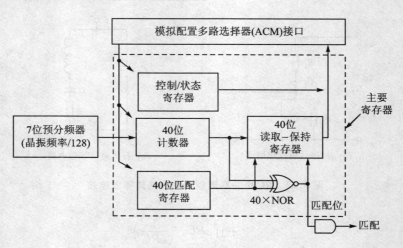

图 3.23　RTC 内部结构图

FPGA 内核进行配置。因此需要一个接口来与这些寄存器通信,这个接口就是 ACM (Analog Configure MUX)。Fusion 内部的配置逻辑通过该接口对 RTC 进行配置,注意,ACM 也是模拟模块的配置接口。

➤ 7 位预分频器:它的作用是对时钟源(来自外部晶振)进行 128 分频,RTC 以这个经过预分频器后且占空比为 50% 的时钟信号作为计数时钟。如果外部晶振的频率为 32.768 kHz,那么预分频输出时钟的频率就等于 32.768 kHz/128=256 Hz。

➤ 控制/状态寄存器:这个寄存器由 ACM 接口来访问,可以设置计数器的初值、匹配寄存器的值等。

➤ 40 位计数器:用做时钟计数器。如果外部晶振的频率为 32.768 kHz,经过 7 位预分频器后的频率为 256 Hz。以这个频率计时,最大可以计 4 294 967 296 s,也就是 136 年。

➤ 40 位匹配寄存器:该寄存器用于存放匹配的数据。当计数器的值等于匹配寄存器的值时,匹配信号输出,高电平有效。

➤ 40 位读取-保持寄存器:该寄存器可以用于保存计数器的当前值,是 ACM 读寄存器值的接口。它将保存计数器、匹配寄存器以及单独匹配位寄存器(图 3.23 中 40 个"异或"门的输出)读出的数据。当对这 3 个寄存器进行读操作时,数据都会首先存放在该寄存器中,然后输出到 ACM 的数据总线上。对其操作没有固定的地址,只要对相应的寄存器执行读操作即可,地址的转化由 FPGA 内部完成。

2. RTC 的寄存器

RTC 内的基本计时元件是一个可预置的 40 位计数器。该计数器通过配置,可在计数值等于 40 位匹配寄存器中设置的值时自行复位。当器件首次上电时,40 位计数器和 40 位匹配寄存器清零(逻辑 0),此时 MATCH 输出信号有效(逻辑 1)。无论何时,如果 40 位计数器的值与 40 位匹配寄存器的值不匹配,那么 MATCH 输出信号就会变为无效(逻辑 0)。

3.7　模拟模块

Microsemi 公司的 Fusion 系列器件是全球首个混合信号的 FPGA。由于 Fusion 器件在数字 FPGA 基础上集成了模拟外设,因而应用的范围非常广。也正是这个模拟部分,体现了它与目前市场上其他 FPGA 的不同之处。

模拟模块主要是由模拟 Quad、实时计数器(RTC)、模/数转换器(ADC)以及模拟配置多路选择器(ACM)组成。所有这些部件都集成在一个模拟模块宏单元上,用户可以使用它来执行多种功能,如图 3.24 所示是模拟模块的结构图。

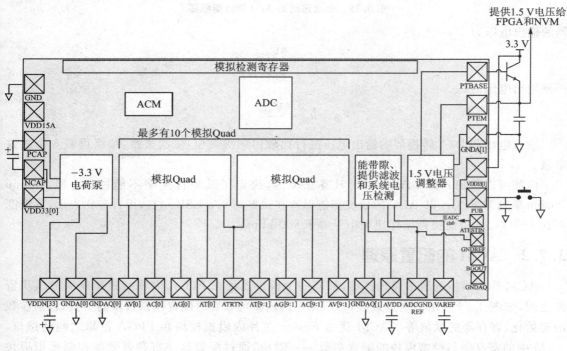

图 3.24　模拟模块结构图

3.7.1　ADC 的工作原理

Fusion 模拟系统的核心是一个可编程的逐次逼近型(SAR)模/数转换器(ADC)。逐次逼近型 A/D 转换器是采用较多的一种,它的转换过程可以用天平称物重来说明。

如图 3.25 所示为 8 位逐次逼近型 A/D 转换器框图,它由控制逻辑电路、数据寄存器、移位寄存器、D/A 转换器及电压比较器组成。

电路启动后,第一个时钟脉冲将移位寄存器置位为 1000 0000,该数据经过数据寄存器送入 D/A 转换器。输入模拟电压 u_i 首先与 1000 0000 所对应的电压 $V_{REF}/2$ 相比较,如果

$$u_i \geqslant \frac{V_{REF}}{2}$$

则比较器输出为 1,否则输出为 0。此结果存于数据寄存器的 D_7 位。

第二个时钟脉冲使移位寄存器的值变为 0100 0000,如果最高位已为 1,则此时 D/A 转换

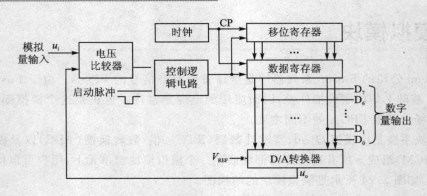

图 3.25　逐次逼近型 A/D 转换器框图

器的输出电压为：

$$u_\mathrm{o} = \frac{3V_\mathrm{REF}}{4}$$

否则输出电压为：

$$u_\mathrm{o} = \frac{V_\mathrm{REF}}{4}$$

　　输入电压和 D/A 转换器的输出电压进行比较得到次高位，依次类推，最终得到 8 位的数字量。

　　由此可以看出，SAR ADC 由于其算法原因，决定了其采样速率不能过高。Microsemi Fusion 系列的 FPGA 其 ADC 的精度都能保持在误差为 0.5 LSB 左右，用百分比表示，其精度都在 99% 以上，但前提是采样速率小于等于 600 kbps。

3.7.2　ACM 的配置原理

　　ACM 称为模拟配置多路选择器，如同一个桥梁连接在 FPGA 内核与模拟模块等模块资源之间，如图 3.26 所示。通过该接口，FPGA 的内核可以实时配置模拟模块的参数，包括参数的初始化、寄存器的赋值等。ACM 就是 Fusion 芯片内模拟模块和 FPGA 逻辑之间的接口，ACM 中的寄存器与模拟模块的配置参数一一对应，通过配置这些寄存器就能控制模拟模块的工作。

3.7.3　预处理器的原理

　　这里先了解几个参数：ADC 最大量程为 ±16 V；模拟 I/O 最大承受电压为 ±12 V；ADC 最大参考电压为 3.3 V。基于以上参数，必须对输入 FPGA 的高电压进行处理，这就要用到预处理器。

　　预处理的操作包括降压、升压、正负电压转化等，处理的级别有：±16 V，±8 V，±4 V，±2 V，±1 V，±0.5 V，±0.25 V 和 ±0.125 V；对于 AT 引脚预处理器的级别只有：+16 V 和 +4 V。图 3.27 是预处理器示意图，表 3.8 给出了预处理器所有的预处理级别。

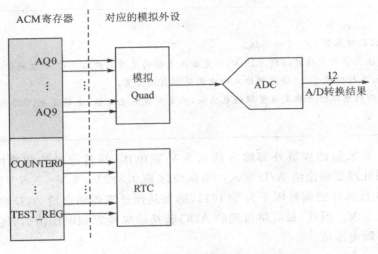

图 3.26　ACM 与被配置外设的关系

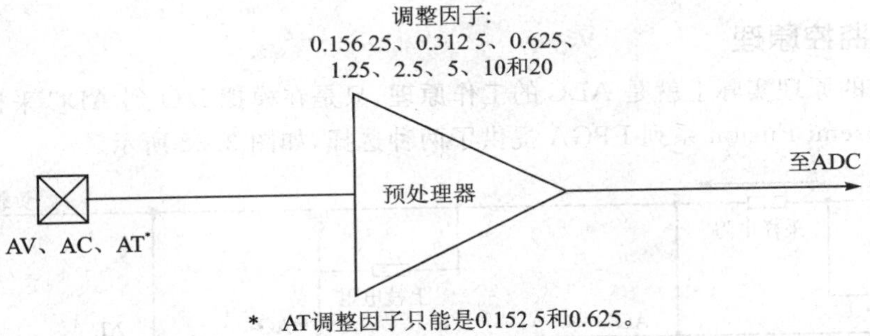

调整因子:
0.156 25、0.312 5、0.625、
1.25、2.5、5、10和20

预处理器

至ADC

AV、AC、AT*

* AT调整因子只能是0.152 5和0.625。

图 3.27　预处理器示意图

表 3.8　预处理器的预处理级别

控制位 Bx[2:0]	调整因子	AD 8 位模式 LSB 电压/mV	AD 10 位模式 LSB 电压/mV	AD 12 位模式 LSB 电压/mV	满量程 电压/V	等级/V
000*	0.156 25	64	16	4	16.368	16
001	0.312 5	62	8	2	8.184	8
010*	0.625	16	4	1	4.092	4
011	1.25	8	2	0.5	2.046	2
100	2.5	4	1	0.25	1.023	1
101	5	2	0.5	0.125	0.511 5	0.5
110	10	1	0.25	0.062 5	0.255 75	0.25
111	20.0	0.5	0.125	0.031 25	0.128 75	0.125

☞ **注：**

(1) AT 引脚只能使用带"﹡"号的等级；

(2) 虽然预处理器最大量程可以到±16 V，但是输入电压的范围只能在±12 V 之间；

(3) 控制位 Bx 在软件设置时，会根据输入的电压范围自动设置；

(4) 实际所能测的电压值并非是满量程的电压值，而是等级的电压值，也就是说，000 的最大电压只能测 16 V，而非 16.368 V。

举个例子：如果预处理器外部输入的是 8 V 正电压，并且选择的调整因子是 0.312 5（001），那么从预处理器输出给 A/D 输入的电压应该是 $0.312 5 \times 8$ V＝2.5 V；如果外部的输入为－0.5 V，并且选择的调整因子为 5（101），那么从预处理器输出给 A/D 输入的电压应该是 5×0.5 V＝2.5 V。因此，最后将得到的 ADC 转换结果换算到电压值后，还需要除以调整因子才是外部实际电压值。

3.7.4 应 用

1. 电压监控原理

电压监控的原理实际上就是 ADC 的工作原理，只是在模拟 I/O 到 ADC 采样点之间的传输方式，Microsemi Fusion 系列 FPGA 提供了两种选择，如图 3.28 所示。

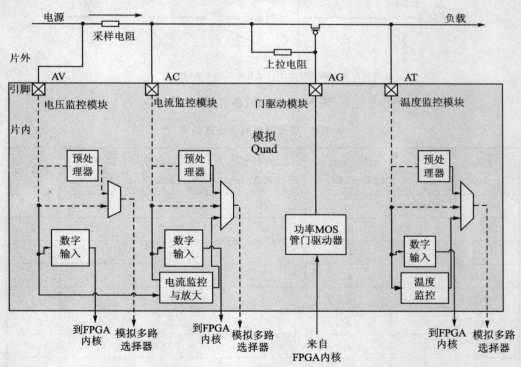

图 3.28 电压监控通道

(1) 直接输入

以 2.56 V 的参考电压为例，当输入的电压在 0～2.56 V 范围内时，可以选择直接输入，如

图 3.28 所示的虚线的路径。在允许范围内,我们不建议使用预处理器对电压进行处理,因为就算是理想的预处理器也会存在 0.5 LSB 的误差。

如图 3.28 所示,模拟 Quad 内部监控电压、电流、温度的模块都可以作为电压监控的通道,但是由于电路结构的原因,AV、AC 引脚可以承受 0~12 V 或者 −12~0 V 的输入电压,而 AT 引脚只能承受 0~12 V 的输入电压,AT 引脚输入电压允许 ±10% 的误差。原因在于从外部电源输入到 AT 引脚之间存在一个 MOS 管。

(2) 预处理器输入

若外部输入的电压不在参考电压范围内,则需要对输入的电压进行处理,将其转换为满足参考电压的范围,如图 3.28 所示的预处理虚线路径。在使用预处理器的情况下,要注意预处理器会影响最终的转换精度,因此必要时,可以在软件部分进行人为的调整。

2. 电流监控原理

在模拟 Quad 中,有一个电流监控模块,其与电压监控模块一起配合使用,就能监控外部的电流,如图 3.28 所示。其原理是:将外部的电流转化为电压的形式,然后将检测到的电压转换为电流。因此,外部需要一个电流的采样电阻,通过测量电阻两端的电压来确定电流的大小。

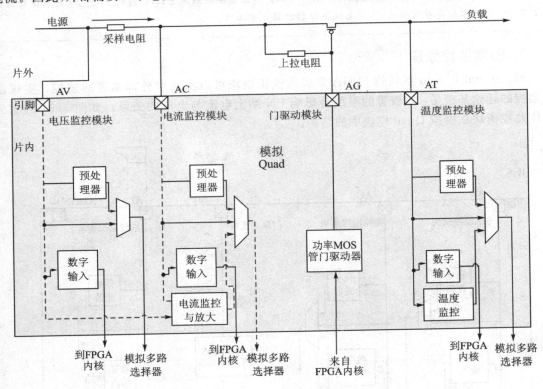

图 3.29　电流监控通道

因为监控电流的路径是不经过预处理器的,所以输入到 ADC 的电压不能超过 2.56 V,因此一般选取较小的采样电阻。由于采样电阻很小,电阻两端的电压差就很小。为了比较方便地得到电阻两端的压降,内部使用一个 10 倍的差分放大器,实际的压降经过放大后再输入到 ADC。

如图 3.30 所示为电流监控器的一个示例。该例中,一个 10 V 电压、1 A 电流的电源信号流过一个 0.1 Ω 采样电阻,AV 和 AC 的差值通过 10 倍的差分放大器后传送到 ADC 进行转换。根据欧姆定律,可以得出 1 A 电流流过采样电阻时产生 0.1 V 电压降,经过放大器放大变成 1 V,因此 ADC 读取电压值将为 1 V。

因此,只要获取 ADC 转换之后的数字量,就可以得到 ADC 读取到的电压值,设为 U_0,那么监控的电流值就为:

$$I = \frac{U_0}{10 \times 0.1\ \Omega}$$

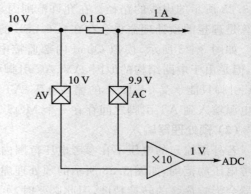

图 3.30　电流监控器示例框图

☞ **注**:由于采样电阻的压差经过 10 倍的放大器放大,所以特别要注意所能检测的最大电流范围,以免导致 ADC 饱和,因此用户必须正确选择外部采样电阻。另外需要特别注意,AV 引脚上的绝对电压值必须大于等于 AC 引脚上的绝对电压值,这样电流监控器才能正常工作。

3. 温度监控原理

Microsemi Fusion 系列的 FPGA 集成的模拟模块可以实现对外部温度的监控。实现温度监控的理论基础是:三极管的温度会影响 PN 结上电流与电压的关系。如图 3.31 所示为温度监控模块在模拟 Quad 模块中的结构。

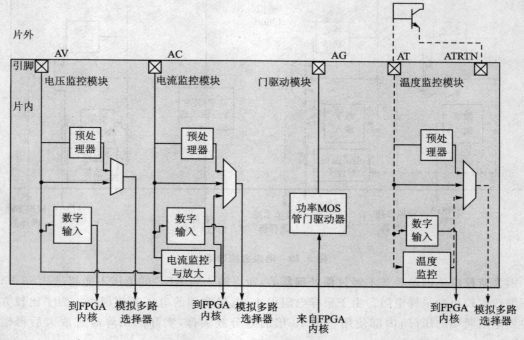

图 3.31　温度监控通道

为了提高温度测量的精确度,在设计上,使用了一个芯片引脚作为 AT 引脚的电流回路,如图 3.32 所示,这是温度检测的简化原理图。图中三极管作为温度传感器;12.5 倍的放大器是基于开关电容而设计的,用以支持伪差分测量,即分别闭合和断开 90 μA 电流源以及与 10 μA 的电流源配合来测量三极管两端的压差,然后乘以 12.5 后输入 ADC 测量,测量的电压由计算得到:

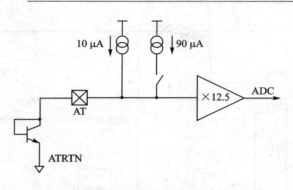

图 3.32　温度监控电路图

$$V_{ADC} = 12.5 \times \left[(nkT/Q)\ln(100\ \mu A/10\ \mu A) \right] \approx 2.48 \times 10^{-3}\ \frac{V}{K} \times T \times n$$

上式涉及的变量说明如表 3.9 所列。

表 3.9　变量说明

变　量	说　　明
n	晶体管的理想因子。Microsemi 公司建议使用的 2N3904 晶体管,它的 n 大约为 1.008。注意,即使是同种类型的晶体管,n 值也不一定相同,因此要得到非常精确的结果,还需要进行校准
k	玻耳兹曼(Boltzman)常数,其值为 $1.380\,6 \times 10^{-23}$ J/K
Q	一个电子的电量,其值为 1.602×10^{-19} C
T	检测温度,单位为热力学温度单位开尔文(K),而不是摄氏温度单位(摄氏度),两者之间的关系是:热力学温度＝摄氏温度－273.15

4. 门驱动原理

AG 引脚可以驱动 P 沟道或 N 沟道 MOSFET,内部的门驱动器可配置成拉电流或灌电流。由于它是一个电流型的输出引脚,所以一般情况下都需要一个外部上拉或下拉电阻才能正常工作。AG 引脚可以支持 4 种不同电流的恒流源驱动,分别是 1 μA、3 μA、10 μA 和 30 μA,如图 3.33 所示,对于 N 沟道和 P 沟道恒流源的方向不同。另外门驱动模块内部还有一个晶体管,可以承受外部 25 mA 的电流输入。但是,在该模式下不要在 AG 引脚上加超过25 mA、1 V 的电压信号,否则可能会烧坏里面的晶体管。采用该模式可以通过在外部加一个上拉电阻来实现,这里电阻主要起到限流、限压的作用。门驱动器无论使用恒流源模式还是高电流驱动模式,若没有合适的上拉或下拉电阻,它就不会输出电压电平,这是由电流型 I/O 的特点决定的。

门驱动器内部是一个可配置、可控的恒流源电路和开漏晶体管电路,如图 3.34 所示,它们用于不同的场合。

➤ 电流从 FPGA 内部流向 AG 的恒流源,用于驱动 N 沟道的 MOS 管,外部需要一个下拉电阻(如图 3.34 中的 R_2)来将电流转化为电压,作为 MOS 管的 V_{gs} 的电压,从而可以使 MOS 管工作。另外,由于 MOS 管的源栅极相当于接了一个非常大的电阻,所以不接

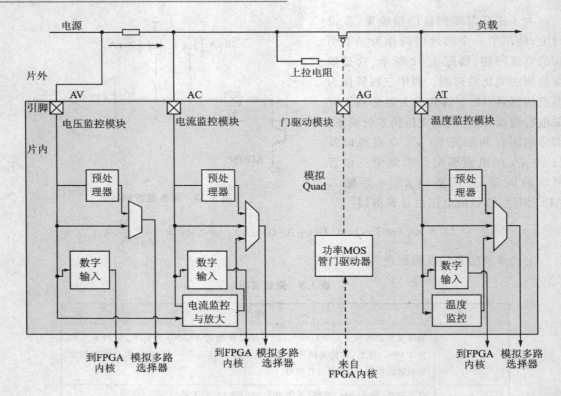

图 3.33　门驱动通道

下拉电阻也会在 V_{gs} 端产生一个电压让 MOS 管工作。

➤ 电流从 AG 引脚流向 FPGA 内部的恒流源，用于驱动 P 沟道的 MOS 管，外部需要接一个上拉电阻（如图 3.34 中的 R_1）。P 沟道 MOS 管的源极 S 端接电源，漏极 D 端接地，这样就构成一个从外部的上拉电阻到内部的恒流源的回路，V_{gs} 的电压为上拉电阻的电压。

➤ 开漏晶体管电路用于需要驱动大功率的 MOS 管，也就说，图 3.34 中的 V_{CC} 需要一个比较大的值，如 10 V、12 V 等，此时可以通过上拉电阻 R_1 以及内部可以承受高电流

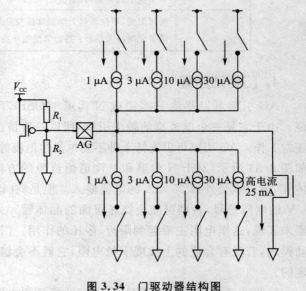

图 3.34　门驱动器结构图

的晶体管来实现。不过需要注意，必须保证 AG 的引脚不能超过 1 V、25 mA 的限制，以免烧坏内部的晶体管。

外部 MOS 管的栅极-源极（gate to source）电压（V_{gs}）小于等于外部上拉或下拉电阻与流过它们的电流的乘积：

$$V_{\text{gs}} \leqslant I_{\text{g}} \times (R_{\text{pullup}} \text{ 或 } R_{\text{pulldown}})$$

注：如果使用恒流源模式，则 I_{g} 为内部恒流源电流；如果使用开漏晶体管模式，则 I_{g} 和外部的 V_{CC} 电压与上拉电阻有关，即 $I_{\text{g}} = V_{\text{CC}} / (R_{\text{pullup}} + R_{\text{mos}})$，$R_{\text{mos}}$ 为内部晶体管导通时的电阻，典型值为 40 Ω。

外部 MOS 管电压的转换速率由流过 AG 引脚的电流 I_{g} 和外部 MOSFET 的栅极-源极电容 C_{gs} 决定。其斜率近似为：

$$\frac{\text{d}V}{\text{d}t} \approx \frac{I_{\text{g}}}{C_{\text{gs}}}$$

此处，C_{gs} 不是一个固定的电容，视与漏极端连接的电路而定，并且在打开或关闭的瞬间会发生极大的变化，因此只可用来近似估算外部 MOS 管的开关速度。

第 4 章

Verilog HDL 基础语法

✍ 本章导读

　　硬件描述语言的发展至今已有近30年的历史,并成功地应用于FPGA设计的各个阶段:建模、仿真、验证和综合等。到20世纪80年代,已出现上百种硬件描述语言,它们对设计自动化曾起到极大的促进和推动作用。但是,这些语言一般各自面向特定的设计领域与层次,而且众多的语言使用户无所适从。因此,急需一种面向FPGA设计的多领域、多层次,并得到普遍认同的标准硬件描述语言。进入20世纪80年代后期,硬件描述语言向着标准化的方向发展。最终,VHDL和Verilog HDL语言适应了这种趋势的要求,先后成为IEEE标准。

4.1　Verilog HDL 基本知识

4.1.1　什么是硬件描述语言

　　硬件描述语言(Hardware Description Language,HDL)是一种用形式化方法来描述数字电路和系统的语言。数字电路系统的设计者利用这种语言可以从上层到下层(从抽象到具体)逐层描述自己的设计思想,用一系列分层次的模块来表示极其复杂的数字系统。然后利用电子设计自动化(EDA)工具逐层进行仿真验证,再把其中需要变为具体物理电路的模块组合经由自动综合工具,转换到门级电路网表。接下去再用专用集成电路(ASIC)或现场可编程门阵列(FPGA)自动布局布线工具,把网表转换为具体电路布线结构的实现。在制成物理器件之前,还可以用Verilog HDL的门级模型(原语元件或UDP)来代替具体基本元件。因其逻辑功能和延时特性与真实的物理元件完全一致,所以在仿真工具的支持下能验证复杂数字系统物理结构的正确性,使投片的成功率达到100%。目前,这种称之为高层次设计(high level design)的方法已被广泛采用。据统计,目前在美国硅谷约有90%以上的ASIC和FPGA已采用Verilog HDL硬件描述语言方法进行设计。

　　硬件描述语言的发展至今已有近30年的历史,经过多种语言的变化发展,最终VHDL与Verilog HDL语言得到业界的认可,成为IEEE标准。把硬件描述语言用于自动综合也只有10多年的历史。最近10多年来,用综合工具把可综合风格的HDL模块自动转换为具体电路的发展非常迅速,大大地提高了复杂数字系统的设计生产率。在美国和日本等先进电子工业国家,Verilog HDL语言已成为设计数字系统的基础。本章将通过具体例子,由浅入深地帮助读者学习：

> Verilog HDL 的基本语法；
> 可综合 Verilog HDL 模块与逻辑电路的对应关系；
> Verilog HDL 测试模块的语法及其意义。

4.1.2　Verilog HDL 的发展历程

　　Verilog HDL 是硬件描述语言的一种，用于数字电子系统设计。设计者可以用它进行各种级别的逻辑设计，进行数字逻辑系统的仿真验证、时序分析、逻辑综合。它是目前应用最广泛的一种硬件描述语言。据有关文献报道，目前在美国使用 Verilog HDL 进行设计的工程师大约有 10 多万人，全美国有 200 多所大学的教授用 Verilog HDL 的设计方法。在我国台湾地区，几乎所有著名大学的电子和计算机工程系都讲授 Verilog HDL 有关的课程。图 4.1 展示了 Verilog HDL 的发展历史。

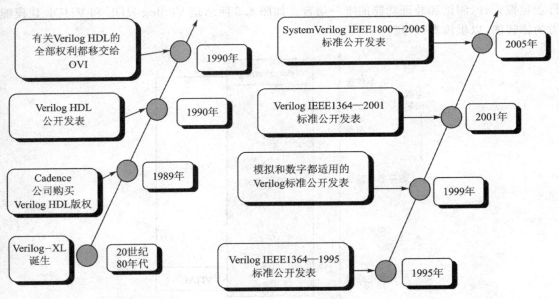

图 4.1　Verilog HDL 的发展历史

4.1.3　Verilog HDL 与 VHDL 的对比

　　Verilog HDL 和 VHDL 都是用于逻辑设计的硬件描述语言，并且都已成为 IEEE 标准。VHDL 是在 1987 年成为 IEEE 标准的，Verilog HDL 则在 1995 年才正式成为 IEEE 标准。VHDL 之所以比 Verilog HDL 早成为 IEEE 标准，是因为 VHDL 是由美国军方组织开发的，而 Verilog HDL 则是从一个普通民间公司的私有财产转化而来的，基于 Verilog HDL 的优越性才成为 IEEE 标准，因而有更强的生命力。

　　VHDL 其英文全名为 VHSIC Hardware Description Language，而 VHSIC 则是 Very High Speed Integrated Circuit 的缩写词，意为甚高速集成电路，故 VHDL 其准确的中文译名为"甚高速集成电路的硬件描述语言"。

　　Verilog HDL 和 VHDL 作为描述硬件电路设计的语言，其共同的特点在于：能形式化地抽象表示电路的行为和结构,支持逻辑设计中层次与范围的描述,借用高级语言的精巧结构来简化电路行为的描述,具有电路仿真与验证机制以保证设计的正确性,支持电路描述由高层到低层的综合转换,硬件描述与实现工艺无关(有关工艺参数可通过语言提供的属性包括进去),便于文档管理,易于理解和设计重用。

但是 Verilog HDL 和 VHDL 又各有自己的特点。由于 Verilog HDL 早在 1983 年就已推出,至今已有 20 多年的应用历史,因而 Verilog HDL 拥有更广泛的设计群体,成熟的资源也远比 VHDL 丰富。与 VHDL 相比,Verilog HDL 的最大优点是:它是一种非常容易掌握的硬件描述语言,只要有 C 语言的编程基础,通过 20 个学时的学习,再加上一段实际操作,一般学生可在 2～3 个月内掌握这种设计方法的基本技术。而掌握 VHDL 设计技术就比较困难。这是因为 VHDL 不是很直观,需要有 Ada 编程基础,一般认为至少需要半年以上的专业培训,才能掌握 VHDL 的基本设计技术。2005 年,SystemVerilog IEEE1800—2005 标准公布以后,集成电路设计界普遍认为 Verilog HDL 将在 10 年内全面取代 VHDL 成为 ASIC 设计行业包揽设计、测试和验证功能的唯一语言。如图 4.2 所示是 Verilog HDL 和 VHDL 建模能力的比较图,以供读者参考。

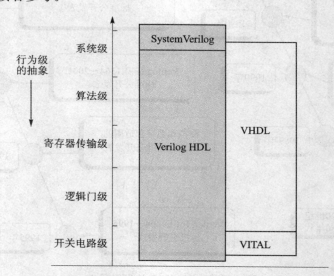

图 4.2　Verilog HDL 与 VHDL 的建模能力的比较

2001 年公布的 Verilog IEEE1364—2001 标准和 2005 年公布的 System Verilog IEEE1800—2005 标准,不但使 Verilog HDL 在可综合性能和系统仿真性能方面有大幅度提高,而且在 IP 的重用方面(包括设计和验证模块的重用)也有重大突破。因此,Verilog HDL 不但作为学习 HDL 设计方法的入门和基础比较合适,而且对于 ASIC 设计专业人员而言,也是必须掌握的基本技术。学习掌握 Verilog HDL 建模、仿真、综合、重用和验证技术,不仅可以使学生对数字电路设计技术有更进一步的了解,而且可以为以后学习高级的行为综合、物理综合、IP 设计和复杂系统设计和验证打下坚实的基础。

4.1.4　Verilog HDL 的应用情况及适用范围

近 10 多年以来,EDA 界一直对在数字逻辑设计中究竟采用哪一种硬件描述语言争论不休。近两三年来,美国、日本和我国台湾地区电子设计界的情况已经清楚地表明,在高层次数字系统设计领域,Verilog HDL 已经取得压倒性的优势;在中国大陆,Verilog HDL 应用的比率已有显著的增加。根据笔者了解,国内大多数集成电路设计公司都采用 Verilog HDL。Verilog HDL 是专门为复杂数字系统的设计仿真而开发的,本身就非常适合复杂数字逻辑电路和系统的仿真与综合。由于 Verilog HDL 在门级描述的底层,也就是在晶体管开关的描述方面比 VHDL 有更强的功能,所以即使 VHDL 的设计环境,在底层实质上也是由 Verilog HDL 描述的器件库所支持的。1998 年通过的 Verilog HDL 新标准,把 Verilog HDL – A 并入 Verilog HDL 新标准,使其不仅支持数字逻辑电路的描述,还支持模拟电路的描述。因此,在混合信号电路系统的设计中,它也有很广泛的应用。在深亚微米 ASIC 和高密度 FPGA 已成为电子设计主流的今天,Verilog HDL 的发展前景非常广阔。2001 年 3 月 Verilog IEEE1364—2001 标准的公布,以及 2005 年 10 月 SystemVerilog IEEE1800—2005 标准的公布,使得 Verilog HDL 语言在综合、仿真验证和 IP 模块重用等性能方面都有大幅度提高,更加拓宽了 Verilog HDL 的发展前景。

　　Verilog HDL 适合系统级(system)、算法级(alogrithem)、寄存器传输级(RTL)、逻辑级(logic)、门级(gate)、电路开关级(switch)的设计,而 SystemVerilog 是 Verilog HDL 语言的扩展和延伸,更适用于可重用的可综合 IP 设计和可重用的用于验证的 IP 设计,以及特大型(千万门级以上)基于 IP 的系统级设计和验证。

4.2　Verilog HDL 基本语法一

4.2.1　基本概念

　　Verilog HDL 是一种用于数字系统设计的语言。用 Verilog HDL 描述的电路设计就是该电路的 Verilog HDL 模型,也称为模块。Verilog HDL 既是一种行为描述的语言,也是一种结构描述的语言。这就是说,无论是描述电路功能行为的模块,或描述元器件或较大部件互连的模块,都可以用 Verilog HDL 语言来建立电路模型。如果按照一定的规则编写,功能行为模块可以通过工具自动地转换为门级互连模块。Verilog HDL 模型可以是实际电路的不同级别的抽象。这些抽象的级别和它们对应的模型类型共有以下 5 种:

　　① 系统级(system level):用语言提供的高级结构来实现设计模块外部性能的模型。

　　② 算法级(algorithm level):用语言提供的高级结构来实现算法运行的模型。

　　③ RTL 级(register transfer level):描述数据在寄存器之间的流动和如何处理、控制这些数据流动的模型。

　　以上 3 种都属于行为描述,只有 RTL 级才与逻辑电路有明确的对应关系。

　　④ 门级(gate level):描述逻辑门以及逻辑门之间连接的模型(门级与逻辑电路有确定的连接关系)。

　　以上 4 种数字系统设计工程师都必须掌握。

　　⑤ 开关级(switch level):描述器件中三极管和存储节点以及它们之间连接的模型。开关级与具体的物理电路有对应关系,工艺库元件和宏部件设计人员必须掌握。

　　一个复杂电路系统的完整 Verilog HDL 模型是由若干个 Verilog HDL 模块构成的,每一个模块又可以由若干个子模块构成。其中有些模块需要综合成具体电路,而有些模块只是与用户所设计的模块有交互联系的现存电路或激励信号源。利用 Verilog HDL 语言结构所提供的这种功能,就可以构造一个模块间的清晰层次结构来描述极其复杂的大型设计,并对所设计的逻辑电路进行严格的验证。

Verilog HDL 硬件描述语言作为一种结构化和过程性的语言,其语法结构非常适合于算法级和 RTL 级的模型设计。这种硬件描述语言具有以下功能:

① 可描述顺序执行或并行执行的程序结构。

② 用延迟表达式或事件表达式来明确地控制过程的启动时间。

③ 通过命名的事件来触发其他过程中的激活行为或停止行为。

④ 提供条件(if-else、case)、循环程序结构。

⑤ 提供可带参数且非零延续时间的任务(task)程序结构。

⑥ 提供可定义新的操作符的函数(function)结构。

⑦ 提供用于建立表达式的算术运算符、逻辑运算符、位运算符。

⑧ Verilog HDL 语言作为一种结构化的语言也非常适合于门级和开关级的模型设计,因其结构化的特点又使它具有以下功能:

➤ 提供一套完整的表示组合逻辑基本元件的原语(primitive);

➤ 提供双向通路(总线)和电阻器件的原语;

➤ 可建立 MOS 器件的电荷分享和电荷衰减动态模型。

Verilog HDL 的构造性语句可以精确地建立信号的模型。这是因为在 Verilog HDL 中,提供了延迟和输出强度的原语,来建立精确程度很高的信号模型。信号值可以有不同的强度,可以通过设定宽范围的模糊值来降低不确定条件的影响。

Verilog HDL 作为一种高级的硬件描述编程语言,与 C 语言的风格有许多类似之处。其中有许多语句,如:if 语句、case 语句等,与 C 语言中的对应语句十分相似。如果读者已经掌握 C 语言编程的基础,那么学习 Verilog HDL 并不困难。我们只要对 Verilog HDL 某些语句的特殊方面着重理解,并加强上机练习就能很好地掌握它,就能利用它的强大功能来设计复杂的数字逻辑电路系统。

4.2.2　模块的结构

Verilog HDL 的基本设计单元是"模块"(block)。一个模块是由两部分组成的,一部分描述接口,另一部分描述逻辑功能,即定义输入是如何影响输出的,如图 4.3 所示。

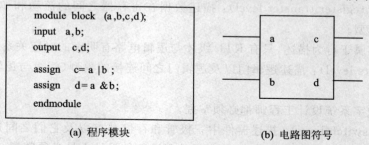

```
module block (a,b,c,d);
input   a,b;
output  c,d;

assign  c= a |b;
assign  d= a &b;
endmodule
```

(a) 程序模块　　　　　　　　　　(b) 电路图符号

图 4.3　模块结构的组成

程序模块旁边有一个电路图的符号。在许多方面,程序模块和电路图符号是一致的,这是因为电路图符号的引脚也就是程序模块的接口。而程序模块描述了电路图符号所实现的逻辑功能。图 4.3 的 Verilog HDL 设计中,模块中的第二、第三行说明接口的信号流向,第四、第五行说明模块的逻辑功能。这就是设计一个简单的 Verilog HDL 程序模块所需的全部内容。

从图 4.3 所示的例子可以看出,Verilog HDL 结构位于 module 和 endmodule 声明语句之间,每个 Verilog HDL 程序包括 4 个主要部分:端口定义、I/O 说明、内部信号声明、功能定义。

1. 模块的端口定义

模块的端口声明了模块的输入/输出口。其格式如下:

module　模块名(端口 1,端口 2,端口 3,端口 4,…);

模块的端口表示的是模块的输入和输出口名,也就是它与别的模块联系端口的标识。在模块被引用时,在引用的模块中,有些信号要输入到被引用的模块中,有些信号需要从被引用的模块中取出来。在引用模块时其端口可以用两种方法连接:

① 在引用时,严格按照模块定义的端口顺序来连接,不用标明原模块定义时规定的端口名,例如:

模块名(连接端口 1 信号名,连接端口 2 信号名,连接端口 3 信号名,…);

② 在引用时,用“.”标明原模块定义时规定的端口名,例如:

模块名(.端口 1 名(连接信号 1 名),.端口 2 名(连接信号 2 名),…);

这样表示的好处在于,可以用端口名与被引用模块的端口对应,不必严格按端口顺序对应,提高了程序的可读性和可移植性。

例如:

⋮
MyDesignMk M1(. sin(SerialIn),. pout(ParallelOut),…);
⋮

其中,. sin 和. pout 都是 M1 的端口名。M1 则是与 MyDesignMk 完全一样的模块,MyDesignMk 已经在另一个模块中定义,它有两个端口 sin 和 pout。与 sin 口连接的信号名为 SerialIn,与 pout 端口连接的是信号名为 ParallelOut。

2. 模块的内容

模块的内容包括 I/O 说明、内部信号声明、功能定义。

(1) I/O 说明

I/O 说明格式如下:

输入口:

input [信号位宽－1:0] 端口名 1;
input [信号位宽－1:0] 端口名 2;
⋮
input [信号位宽－1:0] 端口名 i;　　　　　　//共有 i 个输入口

输出口：

output［信号位宽－1:0］端口名 1;

output［信号位宽－1:0］端口名 2;

⋮

output［信号位宽－1:0］端口名 j;　　　　　　　//共有 j 个输出口

输入/输出口：

inout［信号位宽－1:0］端口名 1;

inout［信号位宽－1:0］端口名 2;

⋮

inout［信号位宽－1:0］端口名 k;　　　　　　　//共有 k 个双向总线端口

I/O 说明也可以写在端口声明语句里。格式如下：

module module_name(input port1,input port2,⋯

　　　　　　　　　　output port1,output port2,⋯

);

(2) 内部信号说明

内部信号说明即对模块内用到的与端口有关的 wire 和 reg 类型变量进行的声明。格式如下：

reg［width－1:0］R 变量 1,R 变量 2,⋯;

wire［width－1:0］W 变量 1,W 变量 2,⋯;

(3) 功能定义

模块中最重要的部分是逻辑功能定义。有 3 种方法可在模块中产生逻辑。

① 用 assign 声明语句,例如：

```
assign   a=b & c;
```

这种方法的句法很简单,只需写一个 assign,后面再加一个方程式即可。上面例子中的方程式描述了一个有两个输入的"与"门。

② 用实例元件,例如：

```
and #2 u1(q, a, b);
```

采用实例元件的方法像在电路图输入方式下调入库元件一样。键入元件的名字和相连的引脚,表示在设计中用到一个名为 u1 的"与"门,其输入端为 a、b,输出为 q。输出延迟为 2 个单位时间。要求每个实例元件的名字必须是唯一的,以避免与其他调用"与"门的实例混淆。

③ 用 always 块,例如：

```
always @(posedge clk or posedge clr)
 begin
     if(clr)   q <=0;
```

```
        else   if(en) q <=d;
    end
```

采用 assign 语句是描述组合逻辑最常用的方法之一。而 always 块既可用于描述组合逻辑,也可用于描述时序逻辑。上面的例子用 always 块生成了一个带有异步清除端的 D 触发器。always 块可用很多种描述手段来表达逻辑,例如上例中就用了 if - else 语句来表达逻辑关系。按一定的风格来编写 always 块,可以通过综合工具把源代码自动综合成用门级结构表示的组合或时序逻辑电路。

3. 要点总结

Verilog HDL 的初学者一定要深入理解并记住:

➤ 在 Verilog HDL 模块中所有过程块(如 initial 块、always 块)、连续赋值语句、实例引用都是并行的;

➤ 上述三者表示的是一种通过变量名互相连接的关系;

➤ 在同一模块中这三者出现的先后次序没有关系;

➤ 只有连续赋值语句 assign 和实例引用语句可以独立于过程块而存在于模块的功能定义部分。

以上 4 点与 C 语言有很大的不同。许多与 C 语言类似的语句只能出现在过程块中,而不能随意出现在模块功能定义的范围内。

4.2.3　数据类型

Verilog HDL 中共有 19 种数据类型,数据类型是用来表示数字电路硬件中的数据存储和传送元素的。在本小节中先介绍 4 个最基本的数据类型,它们是:

reg 型、wire 型、integer 型、parameter 型

其他数据类型在进行设计时基本不会用到,如果大家对它们感兴趣,可查阅相关书籍。其他的数据类型如下:

large 型、medium 型、scalared 型、time 型、small 型、tri 型、trio 型、tri1 型、triand 型、trior 型、trireg 型、vectored 型、wand 型、wor 型

这些数据类型除 time 型外,都与基本逻辑单元建库有关,与系统设计没有很大的关系。在一般电路设计自动化的环境下,仿真用的基本部件库是由半导体厂家和 EDA 工具厂家共同提供的。系统设计工程师不必过多地关心门级和开关级的 Verilog HDL 语法现象。

Verilog HDL 语言中也有常量和变量之分,它们分别属于以上这些类型。下面就最常用的几种进行介绍。

1. 常　量

在程序运行过程中,其值不能被改变的量称为常量。下面首先对在 Verilog HDL 语言中使用的数字及其表示方式进行介绍。

(1) 整　数

在 Verilog HDL 中,整型常量(即整常数)有以下 4 种进制表示形式:

① 二进制整数(b 或 B);

② 十进制整数(d 或 D);

③ 十六进制整数(h 或 H);

④ 八进制整数(o 或 O)。

数字表达方式有以下 3 种:

① ＜位宽＞＜进制＞＜数字＞　这是一种全面的描述方式;

② ＜进制＞＜数字＞　在这种描述方式中,数字的位宽采用缺省值(这由具体的机器系统决定,但至少 32 位);

③ ＜数字＞　在这种描述方式中,采用缺省进制十进制。

在表达式中,位宽指明了数字的精确位数。例如:一个 4 位二进制数数字的位宽为 4,一个 4 位十六进制数数字的位宽为 16(因为每单个十六进制数都要用 4 位二进制数来表示)。例如:

```
8'b10101100        //位宽为 8 的数的二进制表示,"'b"表示二进制
8'ha2              //位宽为 8 的数的十六进制,"'h"表示十六进制
```

(2) x 和 z 值

在数字电路中,x 代表不定值,z 代表高阻值。一个 x 可以用来定义十六进制数的 4 位二进制数的状态,八进制数的 3 位二进制的状态,二进制数的 1 位的状态。z 的表示方式同 x 类似。z 还有一种表达方式是可以写做"?"。在使用 case 表达式时建议使用这种写法,以提高程序的可读性。例如:

```
4'b10x0        //位宽为 4 的二进制数从低位数起第二位为不定值
4'b101z        //位宽为 4 的二进制数从低位数起第一位为高阻值
12'dz          //位宽为 12 的十进制数其值为高阻值(第一种表达方式)
12'd?          //位宽为 12 的十进制数其值为高阻值(第二种表达方式)
8'h4x          //位宽为 8 的十六进制数其低 4 位值为不定值
```

(3) 负　数

一个数字可以被定义为负数,只需在其位宽表达式前加一个减号,减号必须写在数字定义表达式的最前面。注意:减号不可以放在位宽和进制之间,也不可以放在进制和具体的数之间。例如:

```
−8'd5          //这个表达式代表 5 的补数(用八位二进制数表示)
8'd−5          //非法格式
```

(4) 下划线

下划线"_"可以用来分隔数的表达以提高程序可读性。但不可以用在位宽和进制处,只能用在具体的数字之间。例如:

```
16'b1010_1011_1111_1010        //合法格式
8'b_0011_1010                  //非法格式
```

当常量不说明位数时,默认值是 32 位。每个字母用 8 位的 ASCII 值表示。例如:

```
10=32'd10=32'b1010
1=32'd1=32'b1
−1=−32'd1=32'hFFFFFFFF
```

'bX＝32'bX＝32'bXXXXXXX···X

"AB"＝16'b01000001_01000010　　　　//字符串 AB 为十六进制数 16'h4142

(5) 参数型

在 Verilog HDL 中用 parameter 来定义常量,即用 parameter 来定义一个标识符代表一个常量,称为符号常量,即标识符形式的常量。采用标识符代表一个常量可提高程序的可读性和可维护性。parameter 型数据是一种常数型的数据,其说明格式如下:

parameter　参数名 1＝表达式,参数名 2＝表达式,···,参数名 n＝表达式;

parameter 是参数型数据的确认符,确认符后跟着一个用逗号分隔的赋值语句表。在每一个赋值语句的右边必须是一个常数表达式。也就是说,该表达式只能包含数字或先前已定义过的参数。例如:

```
parameter    msb＝7;                        //定义参数 msb 为常量 7
parameter    e＝25,f＝29;                    //定义 2 个常量参数
parameter    r＝5.7;                         //声明 r 为一个实型参数
parameter    byte_size＝8,byte_msb＝byte_size－1;    //用常量表达式赋值
parameter    average_delay＝(r＋f)/2;          //用常量表达式赋值
```

参数型常量经常用于定义延迟时间和变量宽度。在模块或实例引用时,可通过参数传递改变在被引用模块或实例中已定义的参数。下面将通过两个例子进一步说明在层次调用的电路中改变参数常用的一些用法。

在程序清单 4.1 中,模块 Decode 定义时用了两个参数类型常量:Width 和 Polarity,并且都为 1。在 Top 模块中引用 Decode 实例时,可通过参数的传递来改变定义时已规定的参数值。即通过 #(4,0),实例 D1 实际引用的是参数 Width 和 Polarity 分别为 4 和 0 时的 Decode 模块;通过 #(5),实例 D2 实际引用的是参数 Width 为 5 而 Polarity 仍为 1 时的 Decode 模块。这种利用参数编写模块的方法,使得已编写的底层模块具有更大的灵活性。参数常用在表示门级模型的延迟,因此可通过参数传递表示不同的延迟。

程序清单 4.1　Decode 代码

```
module Decode(A,F);
parameter Width＝1, Polarity＝1;
  ⋮
endmodule
module   Top;
    wire[3:0] A4;
    wire[4:0] A5;
    wire[15:0] F16;
    wire[31:0] F32;
    Decode   #(4,0) D1(A4,F16);
    Decode   #(5) D2(A5,F32);
endmodule
```

图 4.4 是一个由多层次模块构成的电路。在一个模块中改变另一个模块的参数时，需要使用 defparam 命令。在进行布线后仿真时，就是利用这种方法把布线延迟通过布线工具生成的延迟参数文件反标注（back annotate）到门级 Verilog HDL 网表上。

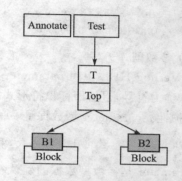

图 4.4　多层次模块构成的电路

在程序清单 4.2 模块中，Annotate 所定义的参数值 2 和 3，可以通过模块 Test 中实例 T 对模块 Top 的引用，以及模块 Top 中实例 B1 和 B2 对模块 Block 的引用，分别传递到模块 Block 中需要参数定义的地方，即原来在模块 Block 中定义的 P＝0，在实例 B1 和 B2 中分别被 P＝2 和 P＝3 替代。

程序清单 4.2　多层次模块

```
`include  "Top. v"
`include  "Block. v"
`include  "Annotate. v"
module Test;
wire W;
top T();
endmodule

module Top;
wire W;
Block B1();
Block B2();
endmodule

module Block;
Parameter P＝0;
endmodule

module Annotate;
defparam
Test. T. B1. P＝2,
Test. T. B2. P＝3;
endmodule
```

2. 变　量

变量即在程序运行过程中其值可以改变的量。在 Verilog HDL 中变量的数据类型有很多种，这里只对常用的几种进行介绍。

变量分为网络型变量和寄存器型变量。网络型变量表示结构实体（例如：门）之间的物理连接。网络型变量不能存储值，而且它必须由驱动器（例如：门或连续赋值语句 assign）驱动。常见的网络型变量有 wire 型和 tri 型，这里主要介绍 wire 型变量。wire 型和 tri 型的真值表如表 4.1 所列。寄存器型变量是数据存储单元的抽象，可用于数据的存储，可通过赋值语句

（阻塞赋值和非阻塞赋值）进行赋值。常见寄存器型变量有 reg 型和 memory 型，这里重点介绍这两种类型的变量。

表 4.1　wire/tri 变量的真值表

wire/tri	0	1	x	z
0	0	x	x	0
1	x	1	x	1
x	x	x	x	x
z	0	1	x	z

(1) wire 型变量

wire 型变量常用来表示以 assign 关键字指定的组合逻辑信号。Verilog HDL 程序模块中输入/输出信号的类型缺省时自动定义为 wire 型。wire 型信号可以用做任何方程式的输入，也可以用做 assign 语句或实例元件的输出。

wire 型信号的格式与 reg 型信号的很类似。其格式如下：

wire [$n-1$:0] 变量名 1，变量名 2，…，变量名 i;//共有 i 条总线，每条总线内有 n 条线路

或

wire [n:1]　变量名 1，变量名 2，…，变量名 i;

wire 是 wire 型变量的确认符，[$n-1$:0]和[n:1]代表该变量的位宽，即该变量有几位。最后跟着的是变量的名字。如果一次定义多个变量，则变量名之间用逗号隔开。声明语句的最后要用分号表示语句结束。例如：

```
wire        a;        //定义了 1 个 1 位的 wire 型变量
wire [7:0]  b;        //定义了 1 个 8 位的 wire 型变量
wire [4:1]  c,d;      //定义了 2 个 4 位的 wire 型变量
```

(2) reg 型变量

寄存器是数据存储单元的抽象。寄存器数据类型的关键字是 reg。通过赋值语句可以改变寄存器存储的值，其作用与改变触发器存储的值相当。Verilog HDL 语言提供了功能强大的结构语句，使设计者能有效地控制是否执行这些赋值语句。这些控制结构用来描述硬件触发条件，例如时钟的上升沿和多路器的选通信号。reg 型变量的缺省初始值为不定值 x。

reg 型变量常用来表示用于 always 模块内的指定信号，常代表触发器。通常，在设计中要由 always 块通过使用行为描述语句来表达逻辑关系。在 always 块内被赋值的每一个信号都必须定义成 reg 型。

reg 型变量的格式如下：

reg [$n-1$:0] 变量名 1，变量名 2，…，变量名 i;

或

reg [n:1] 变量名 1，变量名 2，…，变量名 i;

reg 是 reg 型变量的确认标识符，[$n-1$:0] 和 [n:1] 代表该变量的位宽，即该变量有几位 (bit)。最后跟着的是变量的名字。如果一次定义多个变量，变量名之间用逗号隔开。声明语句的最后要用分号表示语句结束。例如：

```
reg          rega;          //定义了1个1位的名为 rega 的 reg 型变量
reg [3:0]     regb;          //定义了1个4位的名为 regb 的 reg 型变量
reg [4:1]     regc,regd;     //定义了2个4位的名为 regc 和 regd 的 reg 型变量
```

对于 reg 型变量，其赋值语句的作用就像改变一组触发器的存储单元的值。在 Verilog HDL 中有许多构造（construct）用来控制何时或是否执行这些赋值语句。这些控制构造可用来描述硬件触发器的各种具体情况（如触发条件用时钟的上升沿等），或用来描述具体判断逻辑的细节（如各种多路选择器）。

reg 型变量的缺省初始值是不定值。reg 型变量可以赋正值，也可以赋负值。但当一个 reg 型变量是一个表达式中的操作数时，它的值被当做无符号值，即正值。例如：当一个 4 位的寄存器用做表达式中的操作数时，如果开始寄存器被赋以值 -1，则在表达式中进行运算时，其值被认为是 $+15$。

注：reg 型只表示被定义的信号将用在 always 块内，理解这一点很重要。并不是说 reg 型信号一定是寄存器或触发器的输出。虽然 reg 型信号常常是寄存器或触发器的输出，但并不一定总是这样。

---

(3) memory 型变量

Verilog HDL 通过对 reg 型变量建立数组来对存储器建模，可以描述 RAM 型存储器、ROM 存储器和 reg 文件。数组中的每一个单元均通过一个数组索引进行寻址。在 Verilog HDL 语言中没有多维数组存在。memory 型变量是通过扩展 reg 型数据的地址范围来生成的。其格式如下：

reg [$n-1$:0] 存储器名[$m-1$:0]；

或

reg [$n-1$:0] 存储器名[m:1]；

这里，reg[$n-1$:0]定义存储器中每一个存储单元的大小，即该存储单元是一个 n 位寄存器。存储器名后的[$m-1$:0]或[m:1]则定义该存储器中有多少个这样的寄存器。最后用分号结束定义语句。例如：

```
reg [7:0]   mema[255:0];
```

这个例子定义了一个名为 mema 的存储器，该存储器有 256 个 8 位存储器。该存储器的地址范围是 0～255。

注：对存储器进行地址索引的表达式必须是常数表达式。

另外，在同一个数据类型声明语句里，可以同时定义存储器型数据和 reg 型数据。例如：

```
parameter                    wordsize=16,          //定义2个参数
```

	memsize＝256;
reg [wordsize－1:0]	mem[memsize－1:0],writereg,readreg;

尽管 memory 型数据和 reg 型变量的定义格式很相似,但要注意其不同之处。如一个由 n 个 1 位寄存器构成的存储器组是不同于一个 n 位寄存器的。例如:

reg [n－1:0] rega;	//一个 n 位的寄存器
reg mema [n－1:0];	//一个由 n 个 1 位寄存器构成的存储器组

一个 n 位的寄存器可以在一条赋值语句里进行赋值,而一个完整的存储器则不行。例如:

rega＝0;	//合法赋值语句
mema＝0;	//非法赋值语句

如果想对 memory 中的存储单元进行读/写操作,必须指定该单元在存储器中的地址。下面的写法是正确的。

mema[3]＝0;	//给 memory 中的第 3 个存储单元赋值为 0

进行寻址的地址索引可以是表达式,这样就可以对存储器中的不同单元进行操作。表达式的值可以取决于电路中其他寄存器的值。例如,可以用一个加法计数器来做 RAM 的地址索引。在这里我们只对以上几种常用的数据类型和常数进行介绍。

3. 运算符及表达式

Verilog HDL 语言的运算符范围很广,其运算符按功能可分为以下几类:

➤ 算术运算符(＋,－,×,/,%);
➤ 赋值运算符(＝,<＝);
➤ 关系运算符(>,<,>＝,<＝);
➤ 逻辑运算符(&&,||,!);
➤ 条件运算符(?:);
➤ 位运算符(～,|,^,&,^～);
➤ 移位运算符(<<,>>);
➤ 拼接运算符({ });
➤ 其他。

在 Verilog HDL 语言中运算符所带的操作数是不同的,按其所带操作数的个数,运算符可分为 3 种:

① 单目运算符(unary operator):可以带 1 个操作数,操作数放在运算符的右边。

② 双目运算符(binary operator):可以带 2 个操作数,操作数放在运算符的两边。

③ 3 目运算符(ternary operator):可以带 3 个操作数,这 3 个操作数用 3 目运算符分隔开。

例如:

clock＝～clock;	//"～"是单目取反运算符, clock 是操作数
c＝a | b;	//"|"是双目按位"或"运算符,a 和 b 是操作数
r＝s ? t : u;	//"?"和":"是 3 目条件运算符,s、t、u 是操作数

下面对常用的几种运算符进行介绍。

75

（1）基本的算术运算符

在 Verilog HDL 语言中，算术运算符又称为二进制运算符，共有下面几种：

＋　加法运算符，或正值运算符，如 rega＋regb，＋3；

—　减法运算符，或负值运算符，如 rega－3，－3；

×　乘法运算符，如 rega * 3；

／　除法运算符，如 5/3；

％　模运算符，或称为求余运算符，要求"％"两侧均为整数，如 7％3 的值为 1。

在进行整数除法运算时，结果值要略去小数部分，只取整数部分。而进行取模运算时，结果值的符号位采用模运算式里第一个操作数的符号位。例如：

模运算表达式	结　果	说　明
10％3	1	余数为 1
11％3	2	余数为 2
12％3	0	余数为 0，即无余数
－10％3	－1	结果取第一个操作数的符号位，所以余数为－1
11％－3	2	结果取第一个操作数的符号位，所以余数为 2

注意：在进行算术运算操作时，如果某一个操作数有不确定的值 x，则整个结果也为不定值 x。

（2）位运算符

Verilog HDL 作为一种硬件描述语言，是针对硬件电路而言的。在硬件电路中信号有 4 种状态值 1、0、x、z。在电路中信号进行"与"或"非"时，反映在 Verilog HDL 中则是相应的操作数的位运算。Verilog HDL 提供了以下 5 种位运算符：

～　取反；

&　按位"与"；

|　按位"或"；

^　按位"异或"

^～　按位"同或"（异或非）。

注：

（1）位运算符中除了"～"是单目运算符以外，其余均为双目运算符，即要求运算符两侧各有 1 个操作数；

（2）位运算符中的双目运算符要求对 2 个操作数的相应位进行运算操作。

下面对各运算符分别进行介绍：

① 取反运算符"～"："～"是一个单目运算符，用来对一个操作数进行按位取反运算。其运算规则如表 4.2 所列。

例如：

表 4.2　取反（～）运算法则

操作数	结　果
1	0
0	1
x	x

```
rega＝'b1010;            //rega 的初值为 'b1010
rega＝～rega;            //rega 的值进行取反运算后变为 'b0101
```

② 按位"与"运算符"&"：按位"与"运算就是将两个操作数的相应位进行"与"运算，其运算规则如表 4.3 所列。

③ 按位"或"运算符"|"：按位"或"运算就是将两个操作数的相应位进行"或"运算。其运算规则如表 4.4 所列。

表 4.3　按位"与"(&)运算规则

结　果＼操作数一＼操作数二	0	1	x
0	0	0	0
1	0	1	x
x	0	x	x

表 4.4　按位"或"(|)运算规则

结　果＼操作数一＼操作数二	0	1	x
0	0	1	x
1	1	1	1
x	x	1	x

④ 按位"异或"运算符"^"（也称之为 XOR 运算符）：按位"异或"运算就是将两个操作数的相应位进行"异或"运算。其运算规则如表 4.5 所列。

⑤ 按位"同或"运算符"^～"：按位"同或"运算就是将两个操作数的相应位先进行"异或"运算，再进行"非"运算，其运算规则如表 4.6 所列。

表 4.5　按位"异或"(^)运算规则

结　果＼操作数一＼操作数二	0	1	x
0	0	1	x
1	1	0	x
x	x	x	x

表 4.6　按位"同或"(^～)运算规则

结　果＼操作数一＼操作数二	0	1	x
0	1	0	x
1	0	1	x
x	x	x	x

两个长度不同的数据进行位运算时，系统会自动地将两者按右端对齐。位数少的操作数会在相应的高位用 0 填满，以使两个操作数按位进行操作。

4.2.4　小　结

Verilog HDL 的初学者一定要深入理解并记住：

➤ 在 Verilog HDL 模块中，所有过程块（如 initial 块、always 块）、连续赋值语句、实例引用都是并行的；

➤ 上述三者表示的是一种通过变量名互相连接的关系；

➤ 在同一模块中，各个过程块、各条连续赋值语句和各条实例引用语句，这三者出现的先后次序没有关系；

➤ 只有连续赋值语句（即用关键词 assign 引出的语句）和实例引用语句（即用已定义的模块名引出的语句），才可以独立于过程块而存在于模块的功能定义部分；

> 被实例引用的模块其端口可以通过不同名的连线或寄存器类型变量,连接到其他模块相应的输入/输出信号端;

> 在 always 块内被赋值的每一个信号都必须定义成 reg 型。

以上 6 点与 C 语言有很大的不同。许多与 C 语言类似的语句只能出现在过程块中,而不能随意出现在模块功能定义的范围内。

4.3　Veirlog HDL 基本语法二

4.3.1　逻辑运算符

在 Verilog HDL 语言中存在 3 种逻辑运算符:

&&　逻辑"与";

‖　逻辑"或";

!　逻辑"非"。

"&&"和"‖"是双目运算符,它要求有两个操作数,如"$(a>b)\&\&(b>c)$","$(a<b)\parallel(b<c)$"。"!"是单目运算符,只要求一个操作数,如"$!(a>b)$"。表 4.7 为逻辑运算的真值表,它表示当 a 和 b 的值为不同的组合时,各种逻辑运算所得到的值。

表 4.7　逻辑运算的真值表

a	b	$!a$	$!b$	$a\&\&b$	$a\parallel b$
真	真	假	假	真	真
真	假	假	真	假	真
假	真	真	假	假	真
假	假	真	真	假	假

逻辑运算符中"&&"和"‖"的优先级低于关系运算符,"!"高于算术运算符。例如:

$(a>b)\&\&(x>y)$　　可写成:$a>b\ \&\&\ x>y$

$(a==b)\parallel(x==y)$　　可写成:$a==b\parallel x==y$

$(!a)\parallel(a>b)$　　可写成:$!a\ ||\ a>b$

为了提高程序的可读性,明确表达各运算符间的优先关系,建议使用括号。

4.3.2　关系运算符

关系运算符共有以下 4 种:

$a<b$　　　　　　a 小于 b;

$a>b$　　　　　　a 大于 b;

$a<=b$　　　　　a 小于或等于 b;

$a>=b$　　　　　a 大于或等于 b。

在进行关系运算时,如果声明的关系是"假"(false),则返回值是 0;如果声明的关系是"真"(true),则返回值是 1;如果某个操作数的值不定,则关系是模糊的,返回值是不定值。

所有的关系运算符都有相同的优先级。关系运算符的优先级低于算术运算符的优先级。例如：

```
a < size−1              //这种表达方式等同于下面这种表达方式
a < (size−1)
size −(1 < a)           //这种表达方式不等同于下面这种表达方式
size − 1 < a
```

从上面的例子可以看出这两种不同运算符的优先级。当表达式 size$-(1<a)$ 进行运算时，关系表达式先被运算，然后返回结果值 0 或 1 被 size 减去。而当表达式 size$-1<a$ 进行运算时，size 先被减去 1，然后再同 a 相比。

4.3.3　等式运算符

在 Verilog HDL 语言中存在 4 种等式运算符：

==	等于；
!=	不等于；
===	等于；
!==	不等于。

☞ **注**：求反号、双等号、3 个等号之间不能有空格。

这 4 个运算符都是双目运算符，它要求有两个操作数。"=="和"!="又称为"逻辑等式运算符"，其结果由两个操作数的值决定。由于操作数中某些位可能是不定值 x 和高阻值 z，结果可能为不定值 x。而"==="和"!=="运算符则不同，它在对操作数进行比较时，对某些位的不定值 x 和高阻值 z 也进行比较，两个操作数必须完全一致，其结果才是 1，否则为 0。"==="和"!=="运算符常用于 case 表达式的判别，所以又称为"case 等式运算符"。这 4 个等式运算符的优先级是相同的。表 4.8 和表 4.9 分别列出了"=="与"==="的真值表，以帮助读者理解两者间的区别。

下面举一个例子说明"=="和"==="的区别。

```
if(A==1'bx)   MYMdisplay("AisX");      //当 A 等于 X 时，这个语句不执行
if(A===1'bx)  MYMdisplay("AisX");      //当 A 等于 X 时，这个语句执行
```

表 4.8　等式运算符"==="的真值表

操作数二 ＼ 结果 ＼ 操作数一	0	1	x	z
0	1	0	0	0
1	0	1	0	0
x	0	0	1	0
z	0	0	0	1

表 4.9　等式运算符"=="的真值表

操作数二 ＼ 结果 ＼ 操作数一	0	1	x	z
0	1	0	x	x
1	0	1	x	x
x	x	x	x	x
z	x	x	x	x

4.3.4　移位运算符

在 Verilog HDL 中有两种移位运算符："＜＜"（左移位运算符）和"＞＞"（右移位运算符）。其使用方法如下：

```
a>>n
```

或

```
a<<n
```

a 代表要进行移位的操作数，n 代表要移几位。这两种移位运算都用 0 来填补移出的空位。下面举例说明。移位运算举例如程序清单 4.3 所示。

程序清单 4.3　移位运算举例

```
module   shift;
    reg [3:0]  start,result;
    initial
    begin
        start=1;                 //start 的值在初始时刻设为 0001
        result=(start<<2);       //移位后,start 的值为 0100,然后赋给 result
    end
endmodule
```

从程序清单 4.3 可以看出，start 在移过两位以后，用 0 来填补空出的位。

进行移位运算时应注意移位前后变量的位数，例如：

```
4'b1001<<1=5'b10010;
4'b1001<<2=6'b100100;
1<<6=32'b1000000;
4'b1001>>1=4'b0100;
4'b1001>>4=4'b0000;
```

4.3.5　位拼接运算符

在 Verilog HDL 语言中有一个特殊的运算符：位拼接运算符"{}"。用这个运算符可以把两个或多个信号的某些位拼接起来进行运算操作。其使用方法如下：

{信号 1 的某几位，信号 2 的某几位，…，…，信号 n 的某几位}

即把某些信号的某些位详细地列出来，中间用逗号分开，最后用大括号括起来表示一个整体信号。例如：

```
{a,b[3:0],w,3'b101}
```

也可以写成为：

```
{a,b[3],b[2],b[1],b[0],w,1'b1,1'b0,1'b1}
```

在位拼接表达式中不允许存在没有指明位数的信号。这是因为在计算拼接信号位宽的大小时，必须知道其中每个信号的位宽。

位拼接还可以用重复法来简化表达式。例如：

{4{w}}　　　　　　　　　//这等同于{w,w,w,w}

位拼接还可以用嵌套的方式来表达。例如：

{b,{3{a,b}}}　　　　　　　//这等同于{b,a,b,a,b,a,b}

用于表示重复的表达式，如上面例子中的 4 和 3，必须是常数表达式。

4.3.6　缩减运算符

缩减运算符是单目运算符，也有"与"、"或"、"非"运算。其"与"、"或"、"非"运算规则类似于位运算符的"与"、"或"、"非"运算规则，但其运算过程不同。位运算是对操作数的相应位进行"与"、"或"、"非"运算，操作数是几位数，运算结果也是几位数。而缩减运算则不同，缩减运算是对单个操作数进行"与"、"或"、"非"递推运算，最后的运算结果是一位的二进制数。缩减运算的具体运算过程是这样的：第一步先将操作数的第 1 位与第 2 位进行"与"、"或"、"非"运算；第二步将运算结果与第 3 位进行"与"、"或"、"非"运算，依次类推，直至最后一位。例如：

```
reg [3:0] B;
reg C;
C=&B;
```

相当于：

```
C=((B[0]&B[1]) & B[2]) & B[3];
```

由于缩减运算的"与"、"或"、"非"运算规则类似于位运算符"与"、"或"、"非"运算规则，这里不再详细讲述，请参照位运算符的运算规则介绍。

4.3.7　优先级别

下面对各种运算符的优先级关系进行总结，如表 4.10 所列。

表 4.10　各种运算符的运算级别

运算符	优先级别
！　～	最高优先级别
＊　／　％	
＋　－	
≪　≫	
＜　＜＝　＞　＞＝	
＝＝　！＝　＝＝＝　！＝＝	
&	
^　^～	
∣	
&&	
∥	
?:	最低优先级别

4.3.8　关键词

在 Verilog HDL 中,所有的关键词都是事先定义好的确认符,用来组织语言结构。关键词是用小写字母定义的,因此在编写程序代码时必须注意关键词的书写,以避免出错。下面是 Verilog HDL 中使用的关键词:

always,and,assign,begin,buf,bufif0,bufif1,case,casex,casez,cmos,deassign,defa-ult, defparam,disable,edge,else,end,endcase,endmodule,endfunction,endprimitive,end-specify, endtable,endtask,event,for,force,forever,fork,function,highz0,highz1,if,init-ial,inout, input,integer,join,large,macromodule,medium,module,nand,negedge,n-mos,nor,not, notif0,notif1,or,output,parameter,pmos,posedge,primitive,pull0,pull1,pullup,pulldown, rcmos,reg,releses,repeat,mmos,rpmos,rtran,rtranif0,rtranif1,scalare-d,s-mall,specify, specparam,strength,strong0,strong1,supply0,supply1,table,task,time,tran,tranif0, tranif1,tri,tri0,tri1,triand,trior,trireg,vectored,wait,wand,weak0,weak-1,w-hile,wire, wor,xnor,xor

> ☞ 注:在编写 Verilog HDL 程序时,变量的定义不要与这些关键词冲突。

4.3.9　赋值语句和块语句

1. 赋值语句

在 Verilog HDL 语言中,信号有两种赋值方式。

(1) 非阻塞(non-blocking) 赋值方式(如 $b<=a$;)

➤ 在语句块中,上面语句所赋的变量值不能立即就为下面的语句所用;

➤ 块结束后才能完成这次赋值操作,而所赋的变量值是上一次赋值得到的;

➤ 在编写可综合的时序逻辑模块时,这是最常用的赋值方法。

> ☞ 注:非阻塞赋值符" $<=$ "与小于等于符" $<=$ "看起来是一样的,但意义完全不同。小于等于符是关系运算符,用于比较大小;而非阻塞赋值符用于时序赋值操作。

(2) 阻塞(blocking)赋值方式(如 $b=a$;)

➤ 赋值语句执行完后,块才结束;

➤ 所赋变量的值在赋值语句执行完后立刻就改变;

➤ 在时序逻辑设计中使用可能会产生意想不到的结果。

非阻塞赋值方式和阻塞赋值方式的区别常给设计人员带来问题。问题主要是给 always 块内的 reg 型信号的赋值方式不易把握。到目前为止,前面所举例子中 always 模块内的 reg 型信号都是采用下面的赋值方式:

```
b <= a;
```

这种方式的赋值并不是马上执行的,也就是说,always 块内的下一条语句执行后,b 并不

等于 a，而是保持原来的值。always 块结束后，才进行赋值。而另一种阻塞赋值方式如下所示：

```
b=a;
```

这种赋值方式是马上执行的。也就是说，执行下一条语句时，b 已等于 a。尽管这种方式看起来很直观，但是可能引起麻烦，以程序清单 4.4 举例说明。

程序清单 4.4　非阻塞赋值

```
always @(posedge clk)
begin
    b<=a;
    c<=b;
end
```

程序清单 4.4 中的 always 块中用了非阻塞赋值方式，定义了两个 reg 型信号 b 和 c。clk 信号的上升沿到来时，b 就等于 a，c 就等于 b。这里应该用到两个触发器。

☞ **注：**赋值是在 always 块结束后执行的，c 应为原来 b 的值。这个 always 块实际描述的电路功能如图 4.5 所示。

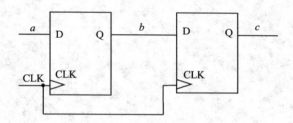

图 4.5　非阻塞赋值方式的 always 电路图

程序清单 4.5 为阻塞赋值示例。

程序清单 4.5　阻塞赋值

```
always @(posedge clk)
begin
    b=a;
    c=b;
end
```

程序清单 4.5 中的 always 块用了阻塞赋值方式。clk 信号的上升沿到来时，将发生如下变化：b 马上取 a 的值，c 马上取 b 的值（即等于 a），生成的电路图如图 4.6 所示，只用了一个触发器来寄存 a 的值，又输出给 b 和 c。这大概不是设计者的初衷，如果采用程序清单 4.4 所示的非阻塞赋值方式就可以避免这种错误。

2. 块语句

块语句通常用来将两条或多条语句组合在一起，

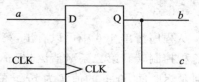

图 4.6　阻塞赋值方式的 always 电路图

使其在格式上更像一条语句。块语句有两种,一种是 begin - end 语句,通常用来标识顺序执行的语句,用它来标识的块称为顺序块。另一种是 fork - join 语句,通常用来标识并行执行的语句,用它来标识的块称为并行块。下面进行详细介绍。

(1) 顺序块

顺序块有以下特点:

➢ 块内的语句是按顺序执行的,即只有上面一条语句执行完后下面的语句才能执行;

➢ 每条语句的延迟时间是相对于前一条语句的仿真时间而言的;

➢ 直到最后一条语句执行完毕,程序流程控制才跳出该语句块。

顺序块的语句格式如下所示:

```
begin
    语句 1;
    语句 2;
       ⋮
    语句 n;
end
```

或

```
begin：块名
    块内声明语句
    语句 1;
    语句 2;
       ⋮
    语句 n;
end
```

其中:

➢ 块名即该块的名字,为一个标识名,其作用后面再详细介绍;

➢ 块内声明语句可以是参数声明语句、reg 型变量声明语句、integer 型变量声明语句、real 型变量声明语句。

用程序清单 4.6 举例说明。

程序清单 4.6　顺序块语句

```
begin
    areg＝breg;
    creg＝areg;                    //creg 的值为 breg 的值
end
```

从程序清单 4.6 中可以看出,第一条赋值语句先执行,areg 的值更新为 breg 的值;然后程序流程控制转到第二条赋值语句,creg 的值更新为 areg 的值。因为这两条赋值语句之间没有任何延迟时间,creg 的值实为 breg 的值。当然可以在顺序块里延迟控制时间来分开两个赋值语句的执行时间,见程序清单 4.7。

程序清单 4.7　延迟控制语句执行时间

```
begin
        areg=breg;
     #10 creg=areg;              //在两条赋值语句之间延迟 10 个时间单位,只在仿真时有效
end
```

程序清单 4.8 中用顺序块和延迟控制组合来产生一个时序波形。

程序清单 4.8　用顺序块和延迟控制组合产生波形

```
parameter    d=50;             //声明 d 是一个参数
reg [7:0]   r;                 //声明 r 是一个 8 位的寄存器变量
begin                          //由一系列延迟产生的波形
    #d   r='h35;
    #d   r='hE2;
    #d   r='h00;
    #d   r='hF7;
    #d   —> end_wave;          //触发事件 end_wave
end
```

(2) 并行块

并行块有以下 4 个特点:

① 块内语句是同时执行的,即程序流程控制一进入并行块,块内语句即开始并行地执行。

② 块内每条语句的延迟时间是相对于程序流程控制进入块内时的仿真时间。

③ 延迟时间是用来给赋值语句提供执行时序的。

④ 当按时间时序排序在最后的语句执行完后,或一个 disable 语句执行时,程序流程控制跳出该程序块。

并行块的语句格式如下所示:

```
fork
    语句 1;
    语句 2;
    ⋮
    语句 n;
join
```

或

```
fork:块名
    块内声明语句
    语句 1;
    语句 2;
    ⋮
    语句 n;
join
```

其中：

➢ 块名即标识该块的一个名字，相当于一个标识符；

➢ 块内说明语句可以是参数说明语句、reg 型变量声明语句、integer 型变量声明语句、real型变量声明语句、time 型变量声明语句、事件（event）说明语句。

用程序清单 4.9 举例说明。

程序清单 4.9　并行块语句举例

```
fork
    #50   r='h35;
    #100  r='hE2;
    #150  r='h00;
    #200  r='hF7;
    #250  ->  end_wave;        //触发事件 end_wave
join
```

在程序清单 4.9 中用并行块替代了程序清单 4.8 中的顺序块来产生波形，用这两种方法生成的波形是一样的。

（3）块　名

在 Verilog HDL 语言中，可以给每个块取一个名字，只需将名字加在关键词 begin 或 fork后面即可。这样做的原因有以下几点：

➢ 可以在块内定义局部变量（即只在块内使用的变量）；

➢ 可以允许块被其他语句调用，如被 disable 语句调用；

➢ 在 Verilog 语言里，所有的变量都是静态的，即所有的变量都只有一个唯一的存储地址，因此进入或跳出块并不影响存储在变量内的值。

基于以上原因，块名就提供了一个在任何仿真时刻确认变量值的方法。

（4）起始时间和结束时间

在并行块和顺序块中都有起始时间和结束时间的概念。对于顺序块，起始时间就是第一条语句开始执行的时间，结束时间就是最后一条语句执行完的时间。而对于并行块来说，起始时间对于块内所有的语句都是相同的，即程序流程控制进入该块的时间，其结束时间是按时间排序在最后的语句执行完的时间。

当一个块嵌入另一个块时，块的起始时间和结束时间是很重要的。至于跟在块后面的语句，只有该块的结束时间到了才能开始执行，也就是说，只有该块完全执行完后，后面的语句才可以执行。

在 fork - join 块内，各条语句不必按顺序给出，因此在并行块里，各条语句在前还是在后是无关紧要的，如程序清单 4.10 所示。

程序清单 4.10　fork - join 块语句举例

```
fork
    #250  -> end_wave;
    #200  r='hF7;
    #150  r='h00;
    #100  r='hE2;
    #50   r='h35;
```

join

在程序清单 4.10 中,各条语句并不是按被执行的先后顺序给出的,但同样可以生成程序清单 4.9 中的波形。

4.3.10　小　结

本节中要注意几个问题:

> 无论是逻辑运算、逻辑比较,还是逻辑等式等逻辑操作,一般都发生在条件判断语句中,其输出只有 1 或 0,也可以理解为成立(真)或不成立(假)。
> 位拼接运算符"{ }",在 C 语言中没有定义,但在 Verilog HDL 中是很有用的语法。我们可以借助于拼接运算符,用一个信号名来表示由多个功能信号组成的复杂信号,其中每个功能信号可以有自己独立的名字和位宽。例如控制信号,可以用如下的位拼接来表示:

```
assign control={ read,write,sel[2:0],halt,load_instr,… };
```

这样可以大大提高程序的可读性和可维护性。

> 缩减运算符(reduction operator)也是 C 语言所没有的,合理地使用缩减运算符可以使程序简洁、明了。
> 阻塞和非阻塞赋值也是 C 语言所没有的。我们应当理解这是非常重要的概念,特别在编写可综合风格的模块中要加以注意。对于阻塞语句,如果没有写延迟时间,则看起来是在同一时刻运行,但实际上是有先后的,即先运行前面的语句,然后再运行后面的语句。阻塞语句的次序与逻辑行为有很大的关系。而非阻塞语句就不同了,在 begin 与 end 之间的所有非阻塞语句都在同一时刻被赋值,因此逻辑行为与非阻塞语句的次序就没有关系。在硬件实现时这两者有很大的不同。
> begin - end 块语句与 C 语言中的大括号对(即{ })类似,而 fork - join 语句在 C 语言中没有定义,但其语义并不难理解。在测试模块中描述测试信号时,常在 initial 和 always 过程块中使用并行块。对于这种描述方法,由于时间关系只与起点比较,故较为清晰易懂。

4.4　Verilog HDL 基本语法三

4.4.1　条件语句

1. if - else 语句

if 语句用来判定所给定的条件是否满足,并根据判定的结果("真"或"假")决定执行给出的两种操作之一。Verilog HDL 语言提供了 3 种形式的 if 语句。

① 形式一

if (表达式)

　语句

例如:

```
if(a > b)
    out1=int1;
```

② 形式二

```
if (表达式)
        语句1;
else
        语句2;
```

例如：

```
if(a > b)
    out1=int1;
else
    out1=int2;
```

③ 形式三

```
if(表达式1)
    语句1;
else  if (表达式2)   语句2;
else  if (表达式3)   语句3;
⋮
else  if (表达式m)   语句m;
else             语句n;
```

注： 条件语句必须在过程块语句中使用。所谓过程块语句，是指由 initial 和 always 语句引导的执行语句的集合。除这两种块语句引导的 begin - end 块中可以编写条件语句外，模块中的其他地方都不能编写。

---

if - else 语句举例如程序清单 4.11 所示。

程序清单 4.11 if - else 语句举例

```
always @(some_event)
begin
    if(a > b)  out1=int1;
    else if(a==b)  out1=int2;
    else out1=int3;
end
```

6 点说明如下：

① 3 种形式的 if 语句中，在 if 后面都有表达式，一般为逻辑表达式或关系表达式。系统对表达式的值进行判断，若为 0、x、z，则按"假"处理；若为 1，则按"真"处理，执行指定的语句。

② 第二、第三种形式的 if 语句中，在每个 else 前面都有一个分号，整个语句结束处有一个分号。

例如：

```
if (a > b)
        out1=int1;                        //有一个分号
else
        out1=int2;                        //有一个分号
```

这是由于分号是 Verilog HDL 语句中不可缺少的部分,分号是 if 语句中的内嵌套语句所要求的。如果无此分号,则会出现语法错误。但应注意,不要误认为上面是两个独立语句(if 语句和 else 语句),它们都属于同一个 if 语句。else 子句不能作为语句单独使用,它必须是 if 语句的一部分,与 if 配对使用。

③ 在 if 和 else 后面可以包含一个内嵌的操作语句(如上例),也可以有多个操作语句,此时用 begin 和 end 这两个关键词将几个语句包含起来成为一个复合块语句,如程序清单 4.12 所示。

程序清单 4.12　复合块语句举例

```
if (a > b)
begin
        out1 <=int1;
        out2 <=int2;
end
else
begin
        out1 <=int2;
        out2 <=int1;
end
```

☞ 注:在 end 后不需要再加分号。因为 begin - end 内是一个完整的复合语句,故不需再附加分号。

④ if 语句允许一定形式的表达式简写方式,例如:

```
if (expression)                        //等同于 if(expression==1)
if (!expression)                       //等同于 if(expression !=1)
```

⑤ 在 if 语句中又包含一个或多个 if 语句,称为 if 语句的嵌套。一般形式如下:

```
if (expression1)
        if (expression2)                语句 1;(内嵌 if)
        else                            语句 2;
else
        if(expression3)                 语句 3;(内嵌 if)
        else                            语句 4;
```

应当注意 if 与 else 的配对关系,else 总是与它上面的最近的 if 配对。如果 if 与 else 的数目不一样,为了实现程序设计者的企图,可以用 begin - end 块语句来确定配对关系。例如:

```
if (   )
```

```
begin
    if（　） 　 语句 1；（内嵌 if）
end
else
    语句 2；
```

这时 begin - end 块语句限定了内嵌 if 语句的范围,因此 else 与第一个 if 配对。

☞ **注**：要注意 begin - end 块语句在 if - else 语句中的使用,因为有时 begin - end 块语句的不慎使用会改变逻辑行为,见程序清单 4.13。

程序清单 4.13　if - else 嵌套错误举例

```
if (index > 0)
for(scani=0; scani<index; scani=scani+1)
if(memory[scani] > 0)
begin
    $ display("…");
    memory[scani]=0;
end
else    /* WRONG */
    $ display("error-indexiszero");
```

尽管程序设计者把 else 写在与第 1 个 if(外层 if)同一列上,希望与第 1 个 if 对应,但实际上 else 是与第 2 个 if 对应,因为它们相距最近。正确的写法应当如程序清单 4.14 所示。

程序清单 4.14　if - else 嵌套正确举例

```
if(index>0)
begin
    for(scani=0; scani<index; scani=scani+1)
    if(memory[scani] > 0)
    begin
        $ display("…");
        memory[scani]=0;
    end
end
else   /* WRONG */
    $ display("error-indexiszero");
```

⑥ if - else 例子如程序清单 4.15 所示,取自于某程序中的一部分。这部分程序用 if - else 语句来检测变量 index,以决定 3 个寄存器 modify_segn 中哪一个的值应当与 index 相加作为 memory 的寻址地址,并且将相加的值存入寄存器 index,以备下次检测使用。

程序清单 4.15　if - else 程序举例

```
//定义寄存器和参数
reg [31:0] instruction,segment_area[255:0];
```

```
reg [7:0] index;
reg [5:0] modify_seg1,modify_seg2,modify_seg3;
parameter
segment1=0,inc_seg1=1,
segment2=20,inc_seg2=2,
segment3=64,inc_seg3=4,
data=128;
//检测寄存器 index 的值
if(index < segment2)
begin
        instruction=segment_area[index + modify_seg1];
        index=index + inc_seg1;
end
else   if(index < segment3)
begin
        instruction=segment_area[index + modify_seg2];
        index=index + inc_seg2;
end
else   if(index < data)
begin
        instruction=segment_area[index + modify_seg3];
        index=index + inc_seg3;
end
else
        instruction=segment_area[index];
```

2. case 语句

case 语句是一种多分支选择语句。if 语句只有两个分支可供选择，而实际问题中常常需要用到多分支选择，Verilog HDL 语言提供的 case 语句直接处理多分支选择。case 语句通常用于微处理器的指令译码，它的一般形式如下：

case(表达式)　　　＜case 分支项＞　　endcase

casez(表达式)　　＜case 分支项＞　　endcase

casex(表达式)　　＜case 分支项＞　　endcase

case 分支项的一般格式如下：

分支表达式：　　　　　语句；

缺省项(default 项)：　语句；

☞ 说明：

① case 括弧内的表达式称为控制表达式，case 分支项中的表达式称为分支表达式。控制表达式通常表示为控制信号的某些位，分支表达式则用这些控制信号的具体状态值来表示，因此分支表达式又可以称为常量表达式。

② 当控制表达式的值与分支表达式的值相等时，就执行分支表达式后面的语句。如果所有的分支表达

式的值都没有与控制表达式的值相匹配,就执行 default 后面的语句。

③ default 项可有可无,一个 case 语句里只准有一个 default 项。

④ 每一个 case 分项的分支表达式的值必须互不相同,否则就会出现矛盾现象(即对表达式的同一个值,将出现多种执行方案,产生矛盾)。

⑤ 执行完 case 分项后的语句,则跳出该 case 语句结构,终止 case 语句的执行。

⑥ 在用 case 语句表达式进行比较的过程中,只有当信号对应位的值能明确进行比较时,比较才能成功。因此,要注意详细说明 case 分项的分支表达式的值。

⑦ case 语句中所有表达式的值的位宽必须相等,只有这样控制表达式和分支表达式才能进行对应位的比较。一个经常犯的错误是用 $'bx$、$'bz$ 来替代 $n'bx$、$n'bz$,这样写是不对的,因为信号 x、z 的缺省宽度是机器的字节宽度,通常是 32 位(此处 n 是指 case 控制表达式的位宽)。

程序清单 4.16 是一个简单的使用 case 语句的例子,对寄存器 rega 译码以确定 result 的值。

程序清单 4.16　case 语句举例

```
reg [15:0]  rega;
reg [9:0]   result;
case(rega)
    16 'd0:   result=10 'b0111111111;
    16 'd1:   result=10 'b1011111111;
    16 'd2:   result=10 'b1101111111;
    16 'd3:   result=10 'b1110111111;
    16 'd4:   result=10 'b1111011111;
    16 'd5:   result=10 'b1111101111;
    16 'd6:   result=10 'b1111110111;
    16 'd7:   result=10 'b1111111011;
    16 'd8:   result=10 'b1111111101;
    16 'd9:   result=10 'b1111111110;
    default:  result=10 'bx;
endcase
```

表 4.11、表 4.12 和表 4.13 分别给出了 case、casez、casex 的真值表。

表 4.11　case 真值表

case	0	1	x	z
0	1	0	0	0
1	0	1	0	0
x	0	0	1	0
z	0	0	0	1

表 4.12　casez 真值表

casez	0	1	x	z
0	1	0	0	1
1	0	1	0	1
x	0	0	1	1
z	1	1	1	1

表 4.13　casex 真值表

casex	0	1	x	z
0	1	0	1	1
1	0	1	1	1
x	1	1	1	1
z	1	1	1	1

case 语句与 if-else-if 语句的区别主要有两点:

① 与 case 语句中的控制表达式和多分支表达式这种比较结构相比,if-else-if 结构中的条件表达式更为直观一些。

② 对于那些分支表达式中存在不定值 x 和高阻值 z 的情况,case 语句提供了处理手段。程序清单 4.17 和程序清单 4.18 介绍了处理分支表达式中某位的值为 x、z 时的 case 语句。

程序清单 4.17　case 语句中 x、z 状态的处理一

```
case(select[1:2])
    2'b00:   result=0;
    2'b01:   result=flaga;
    2'b0x,
    2'b0z:   result=flaga? 'bx : 0;
    2'b10:   result=flagb;
    2'bx0,
    2'bz0:   result=flagb? 'bx : 0;
    default: result='bx;
endcase
```

程序清单 4.18　case 语句中 x、z 状态的处理二

```
case(sig)
    1'bz:    $ display("signal is floating");
    1'bx:    $ display("signal is unknown");
    default: $ display("signal is %b",sig);
endcase
```

Verilog HDL 针对电路的特性提供了 case 语句的其他两种形式,即 casez 和 casex,用来处理比较过程中不必关心的情况(don't care condition)。其中 casez 语句用来处理不考虑高阻值 z 的比较过程,casex 语句则将高阻值 z 和不定值都视为不必关心的情况。所谓“不必关心的情况”,即在表达式进行比较时,不将该位的状态考虑在内。这样在 case 语句表达式进行比较时,就可以灵活地设置对信号的某些位进行比较,见程序清单 4.19 和程序清单 4.20。

程序清单 4.19　casez 举例

```
reg[7:0] ir;
casez(ir)
    8'b1???????: instruction1(ir);
    8'b01??????: instruction2(ir);
    8'b00010???: instruction3(ir);
    8'b000001??: instruction4(ir);
endcase
```

程序清单 4.20　casex 举例

```
reg[7:0] r,mask;
mask=8'bx0x0x0x0;
casex(r ^ mask)
    8'b001100xx: stat1;
    8'b1100xx00: stat2;
    8'b00xx0011: stat3;
    8'bxx001100: stat4;
endcase
```

使用条件语句不当会在设计中生成原本没想要的锁存器。Verilog HDL 设计中容易犯的一个通病是由于对语言的理解不够全面,使用不准确,从而生成并不想要的锁存器。图 4.7 给出了一个在 always 块中,由于使用 if 语句不准确,从而造成这种错误的例子。

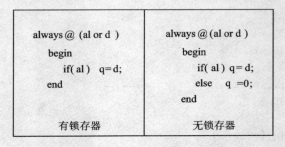

图 4.7　不正确使用 if 语句造成的错误

检查一下左边的 always 块,if 语句保证了只有当 al＝1 时,q 才取 d 的值。这段程序没有写出 al＝0 时的结果。那么当 al＝0 时会怎么样呢?

在 always 块内,如果在给定的条件下变量没有赋值,这个变量将保持原值。也就是说,综合后的电路中会生成一个锁存器。

如果设计人员希望当 al＝0 时 q 的值为 0,else 项就必不可少了。请注意看右边的 always 块,整个 Verilog HDL 程序模块综合出来后,always 块对应的部分在综合后的电路中不会生成锁存器。Verilog HDL 程序另一种综合后生成没有预料到的锁存器的情况,是在使用 case 语句时缺少 default 项发生的,如图 4.8 所示。

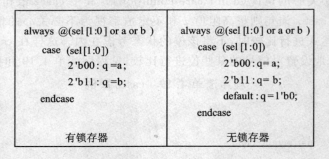

图 4.8　缺少 defult 项生成锁存器

case 语句的功能是:在某个信号(图 4.8 中的 sel)取不同的值时,给另一个信号(图 4.8 中的 q)赋不同的值。注意看图 4.8 左边的例子,若 sel＝0,则 q 取 a 值;而若 sel＝11,则 q 取 b 的值。在这个例子中,代码中并没有清楚地说明:如果 sel 取 00 和 11 以外的值,q 将被赋予什么值。因为没有 default 分支语句,所以默认 q 保持原值,因此在综合后的电路中就会出现锁存器。

图 4.8 右边例子的代码中,case 语句有 default 分支项,明确地指出了如果 sel 不取 00 或 11,应赋予 q 的值。q 被赋为 0,因此综合后不会生成锁存器。

以上介绍的方法可以避免 Verilog HDL 代码在综合后的电路中生成并不需要的锁存器。如果用到 if 语句,最好写上 else 项。如果用到 case 语句,最好写上 default 项。遵循上面两条原则,就可以避免发生类似的错误,使设计者更加明确设计目标,同时也增强了 Verilog HDL

程序的可读性。

3. 条件语句的语法

条件语句用于根据某个条件来确定是否执行其后的语句,关键字 if 和 else 用于表示条件语句。Verilog HDL 语言共有 3 种类型的条件语句,其用法如下:

① 第 1 类条件语句:没有 else 语句,其后的语句执行或不执行。

```
if(< expression >)  true_statement;
```

② 第 2 类条件语句:有一条 else 语句,根据表达式的值,决定执行 true_statement 或者 false_statement。

```
if(< expression >)  true_statement;   else false_statement;
```

③ 第 3 类条件语句:嵌套的 if - else - if 语句,可供选择的语句有许多条,只有一条被执行。

```
if(< expression1 >)  true_statement1;
else  if(< expression2 >)  true_statement2;
else  if(< expression3 >)  true_statement3;
else  default_statement;
```

条件语句的执行过程为:计算条件表达式<expression>,如果结果为"真"(1 或非零值),则执行 true_statement 语句;如果条件为"假"(0 或不确定值 x),则执行 false_statement 语句。在条件表达式中可以包含任何操作符。true_statement 和 false_statement 可以是一条语句,也可以是一组语句。如果是一组语句,则通常使用 begin、end 关键字将它们组成一个块语句。具体的使用方法如程序清单 4.21 所示。

程序清单 4.21　条件语句举例

```
//第 1 类条件语句
    if(!lock) buffer=data;
    if(enable) out=in;
//第 2 类条件语句
    if(number_queued<MAX_Q_DEPTH)
    begin
        data_queue=data;
        number_queued=number_queued + 1;
    end
    else
        $ display(" Queue Full.  Try again ");
//第 3 类条件语句
//根据不同的算术逻辑单元的控制信号 alu_control,执行不同的算术运算操作
    if(alu_control= =0)
        y=x + z;
    else if(alu_control= =1)
        y=x - z;
    else if(alu_control= =2)
```

```
            y＝x ＊ z;
        else
            $ display(" Invalid ALU control signal ");
```

4. 多路分支语句

上面所讲述的第 3 种条件语句使用 if - else - if 的形式从多个选项中确定一个结果。如果选项的数目很多,那么使用起来很不方便,而使用 case 语句来描述这种情况是非常简便的。

case 语句使用关键字 case、endcase 和 default 来表示。

```
case(expression)
    alternative1:    statement1;
    alternative2:    statement2;
    alternative3:    statement3;
        ⋮
    default:    default_statement
endcase
```

case 语句中的每一条分支语句都可以是一条语句或一组语句。多条语句需要使用关键字 begin - end 组合为一个块语句。在执行时,首先计算条件表达式的值,然后按顺序将它与各个候选项进行比较:如果等于第一个候选项,则执行对应的语句 statement1;如果与全部候选项都不相等,则执行 defalut_statement 语句。

☞ **注**:defalut_statement 语句是可选的,而且在一条 case 语句中不允许有多条 defalut _statement 语句。另外,case 语句可以嵌套使用。

程序清单 4.22 的 Verilog HDL 代码实现了程序清单 4.21 中的第 3 类条件语句。

程序清单 4.22　case 多分支语句

```
reg [1:0] alu_control;
⋮
case (alu_control)
    2 'd 0:   y＝x ＋ z;
    2 'd 1:   y＝x － z;
    2 'd 2:   y＝x ＊ z;
default: $ display("Invalid ALU control signal ");
endcase
```

case 语句的行为类似于多路选择器。为了说明这一点,可使用 case 语句来对 4 选 1 多路选择器建模。从程序清单 4.23 中可以看到,8 选 1 或 16 选 1 多路选择器也很容易用 case 语句来实现。

程序清单 4.23　使用 case 语句实现 4 选 1 多路选择器

```
module mux4_to_1 (out,i0,i1,i2,i3,s1,s0);
output   out;                              //根据输入/输出图的端口声明
input   i0,i1,i2,i3;
input   s1,s0;
```

```
reg   out;                        //把输出变量声明为寄存器类型
//任何输入信号改变,都会引起输出信号重新计算
//使输出 out 重新计算的所有输入信号必须写入 always @(…)的变量列表中
always @(s1 or s0 or i0 or i1 or i2 or i3)
begin
case ({s1,s0})
    2'b00：out=i0;
    2'b01：out=i1;
    2'b10：out=i2;
    2'b11：out=i3;
default：out=1'bx;
endcase
end
endmodule
```

4.4.2　循环语句

在 Verilog HDL 中存在着 4 种类型的循环语句,用来控制执行语句的执行次数。

① forever 语句：连续地执行语句;

② repeat 语句：连续执行一条语句 n 次;

③ while 语句：执行一条语句直到某个条件不满足。如果一开始条件即不满足(为"假"),则语句一次也不执行;

④ for 语句：通过以下 3 个步骤来决定语句的循环执行。

第 1 步：先给控制循环次数的变量赋初值;

第 2 步：判定控制循环的表达式的值,若为"假"则跳出循环语句,若为"真"则执行指定的语句后,转到第 3 步;

第 3 步：执行一条赋值语句来修正控制循环变量次数的变量的值,然后返回第 2 步。

下面对各种循环语句详细地进行介绍。

1. forever 语句

forever 语句的格式如下：

forever　语句;

或

```
forever
begin
    多条语句;
end
```

forever 循环语句常用于产生周期性的波形,用来作为仿真测试信号。它与 always 语句不同处在于,不能独立写在程序中,必须写在 initial 块中。

2. repeat 语句

repeat 语句的格式如下：

repeat(表达式) 语句;

或

repeat(表达式)

begin

　　多条语句;

end

在 repeat 语句中,其表达式通常为常量表达式。程序清单 4.24 使用 repeat 循环语句及加法和移位操作来实现一个乘法器。

程序清单 4.24　repeat 循环语句实现乘法器

```
parameter size=8,longsize=16;
reg [size:1] opa,opb;
reg [longsize:1] result;
begin: mult
    reg [longsize:1] shift_opa,shift_opb;
    shift_opa=opa;
    shift_opb=opb;
    result=0;
    repeat(size)
    begin
        if(shift_opb[1])
        result=result + shift_opa;
        shift_opa=shift_opa <<1;
        shift_opb=shift_opb >>1;
    end
end
```

3. while 语句

while 语句的格式如下:

while(表达式)　语句;

或用如下格式:

while(表达式)

begin

　　多条语句;

end

程序清单 4.25 为一个 while 语句的例子,用 while 循环语句对 rega 这个 8 位二进制数中值为 1 的位进行计数。

程序清单 4.25　while 语句实现计数器

```
begin: count1s
    reg [7:0]    tempreg;
```

```
        count＝0；
        tempreg＝rega；
        while（tempreg）
        begin
            if（tempreg[0]）  count＝count ＋ 1；
            tempreg＝tempreg＞＞1；
        end
    end
```

4. for 语句

for 语句的一般形式为：

for(表达式 1;表达式 2;表达式 3)   语句；

它的执行过程如下：

① 先求解表达式 1。

② 求解表达式 2,若其值为"真"（非 0）,则执行 for 语句中指定的内嵌语句,然后执行下面的第③步；若为"假"（0）,则结束循环,转到第⑤步。

③ 若表达式为"真",在执行指定的语句后,求解表达式 3。

④ 转回上面的第②步骤继续执行。

⑤ 执行 for 语句下面的语句。

for 语句最简单的应用形式是很易理解的,其形式如下：

for（循环变量赋初值;循环结束条件;循环变量增值）

    执行语句；

for 循环语句实际上相当于采用 while 循环语句建立以下循环结构：

```
begin
    循环变量赋初值；
    while（循环结束条件）
    begin
        执行语句；
        循环变量增值；
    end
end
```

这样对于需要 8 条语句才能完成的一个循环控制,for 循环语句只需要两条即可。

下面分别举两个使用 for 循环语句的例子。程序清单 4.26 用 for 语句来初始化 memory。程序清单 4.27 则用 for 循环语句来实现前面用 repeat 语句实现的乘法器。

程序清单 4.26   for 循环初始化 memory

```
begin: init_mem
    reg[7:0]   tempi；
    for(tempi＝0;tempi＜memsize;tempi＝tempi+1)
```

```
        memory[tempi]=0;
    end
```

程序清单 4.27　for 循环实现乘法器

```
parameter   size=8,longsize=16;
reg[size:1]   opa,opb;
reg[longsize:1] result;
begin: mult
    integer bindex;
    result=0;
    for(bindex=1; bindex<=size; bindex=bindex+1)
    if(opb[bindex])
        result=result + (opa<<(bindex-1));
end
```

在 for 语句中,循环变量增值表达式可以不必是一般的常规加法或减法表达式。程序清单 4.28 是对 rega 这个 8 位二进制数中值为 1 的位进行计数的另一种方法。

程序清单 4.28　for 循环实现计数器

```
begin: count1s
    reg [7:0] tempreg;
    count=0;
    for(tempreg=rega; tempreg; tempreg=tempreg>>1)
    if (tempreg[0])
        count=count+1;
end
```

4.4.3　顺序块和并行块

块语句的作用是将多条语句合并成一组,使它们像一条语句那样。在前面的例子中,就使用了关键字 begin – end 将多条语句合并成一组。由于这些语句需要一条接一条地顺序执行,因此常称为顺序块。在本小节中,将讨论 Verilog HDL 语言中的块语句:顺序块和并行块;同时,还要讨论 3 种有特点的块语句:命名块、命名块的禁用以及嵌套的块。

1. 块语句类型

(1) 顺序块 (也称过程块)

关键字 begin – end 用于将多条语句组成顺序块。顺序块具有以下特点:

➢ 顺序块中的语句是一条接一条按顺序执行的,只有前面的语句执行完成之后,才能执行后面的语句(除了带有内嵌延迟控制的非阻塞赋值语句);

➢ 如果语句包括延迟或事件控制,那么延迟总是相对于前面那条语句执行完成的仿真时间的。

在 4.4.2 小节中,我们已经使用了许多顺序块的例子。顺序块之中语句按顺序执行,程序清单 4.29 的说明 1 中,在仿真 0 时刻 x、y、z、w 的最终值分别为 0、1、1、2。执行这 4 个赋值语句有顺序,但不需要执行时间。在说明 2 中,这 4 个变量的最终值也是 0、1、1、2,但块语句完成时的仿真时刻为 35,因为除第一句外,以后每执行一条语句都需要等待。

程序清单 4.29 顺序块

```
//说明 1：不带延迟的顺序块
reg x,y;
reg [1:0] z,w;
initial
begin
    x=1'b0;
    y=1'b1;
    z={x,y};
    w={y,x};
end
//说明 2：带延迟的顺序块
reg x,y;
reg [1:0] z,w;
initial
begin
        x=1'b0;          //在仿真时刻 0 完成
    #5  y=1'b1;          //在仿真时刻 5 完成
    #10 z={x,y};         //在仿真时刻 15 完成
    #20 w={y,x};         //在仿真时刻 35 完成
end
```

(2) 并行块

并行块由关键字 fork - join 声明，它的仿真特点是很有趣的。并行块具有以下特性：

➤ 并行块内的语句并发执行；

➤ 语句执行的顺序是由各自语句内延迟或事件控制决定的；

➤ 语句中的延迟或事件控制是相对于块语句开始执行的时刻而言的。

☞ **注**：顺序块和并行块之间的根本区别在于：当控制转移到块语句的时刻，并行块中所有的语句同时开始执行，语句之间的先后顺序是无关紧要的。让我们考虑程序清单 4.29 中带有延迟的顺序块语句，并且将其转换为一个并行块。转换后的 Verilog HDL 代码见程序清单 4.30。除了所有语句在仿真 0 时刻开始执行以外，仿真结果是完全相同的。这个并行块执行结果的时间为 20 个仿真时间单位，而不再是 35 个。

程序清单 4.30 带延迟的并行块

```
reg x,y;
reg [1:0] z,w;
initial
fork
        x=1'b0;          //在仿真时刻 0 完成
    #5  y=1'b1;          //在仿真时刻 5 完成
    #10 z={x,y};         //在仿真时刻 10 完成
    #20 w={y,x};         //在仿真时刻 20 完成
join
```

　　并行块提供了并行执行语句的机制。不过在使用并行块时需要注意,如果两条语句在同一时刻对同一个变量产生影响,那么将会引起隐含的竞争,这种情况是应当避免的。程序清单4.31给出了说明1的并行块描述。在这段代码中故意引入了竞争。所有的语句在仿真0时刻开始执行,但是实际的执行顺序是未知的。在这个例子中,如果$x=1'b0$ 和$y=1'b1$ 两条语句首先执行,那么变量z 和w 的值为1和2;如果这两条语句最后执行,那么z 和w 的值都是$2'bxx$。因此,执行这个块语句后,z 和w 的值不确定,依赖于仿真器的具体实现方法。从仿真的角度来讲,并行块中的所有语句是一起执行的,但是实际上运行仿真程序的CPU在任一时刻只能执行一条语句,而且不同的仿真器按照不同的顺序执行。因此,无法正确地处理竞争是目前所使用仿真器的一个缺陷,这一缺陷并不是并行块所引起的。

程序清单 4.31　引入竞争冒险的并行块

```
reg x,y;
reg [1:0] z,w;
initial
fork
    x=1'b0;
    y=1'b1;
    z={x,y};
    w={y,x};
join
```

　　可以将并行块的关键字 fork 看成是将一个执行流分成多个独立的执行流;而关键字 join 则是将多个独立的执行流合并为一个执行流。每个独立的执行流之间是并发执行的。

2. 块语句的特点

下面来讨论块语句所具有的 3 个特点:嵌套块、命名块和命名块的禁用。

(1) 嵌套块

块可以嵌套使用,顺序块和并行块能够混合在一起使用,如程序清单 4.32 所示。

程序清单 4.32　嵌套块

```
initial
begin
    x=1'b0;
    fork
        #5 y=1'b1;
        #10 z={x,y};
    join
        #20 w={y,x};
    end
endmodule
```

(2) 命名块

块可以具有自己的名字,称为命名块。

① 在命名块中可以声明局部变量;

② 命名块是设计层次的一部分,命名块中声明的变量可以通过层次名引用进行访问;

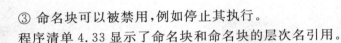

③ 命名块可以被禁用,例如停止其执行。

程序清单 4.33 显示了命名块和命名块的层次名引用。

程序清单 4.33　命名块

```
module   top;
initial
begin： block1                          //名字为 block1 的顺序命名块
integer  i;                            //整型变量 i 是 block1 命名块的静态本地变量
                                       //可以用层次名 top.block1.i 被其他模块访问
    ⋮
end

initial
fork：  block2                          //名字为 block2 的并行命名块
reg  i;                                //寄存器变量 i 是 block2 命名块的静态本地变量
                                       //可以用层次名 top.block2.i 被其他模块访问
    ⋮
join
```

(3) 命名块的禁用

Verilog HDL 通过关键字 disable 提供了一种中止命名块执行的方法。disable 可以用来从循环中退出、处理错误条件,以及根据控制信号来控制某些代码段是否被执行。对块语句的禁用导致紧接在块后面的那条语句被执行。这一点非常类似于使用 C 语言的 break 退出循环。两者的区别在于 break 只能退出当前所在的循环,而 disable 则可以禁用设计中任意一个命名块。

让我们来考虑程序清单 4.34 中的说明,这段代码的功能是在一个标志寄存器中查找第 1 个不为零的位。程序清单 4.34 中的 while 循环可以使用 disable 来改写,这样在找到不为零的位后能马上退出 while 循环。

程序清单 4.34　命名块的禁用

```
//在矢量标志寄存器的各个位中从低有效位开始找寻第 1 个值为 1 的位
//从矢量标志寄存器的低有效位开始查找第 1 个值为 1 的位
reg [15:0] flag;
integer i;                          //用于计数的整数
initial
begin
    flag＝16'b 0010_0000_0000_0000;
    i＝0;
    begin： block1                   //while 循环声明中的主模块是命名块 block1
        while(i < 16)
        begin
            if (flag[i])
            begin
                $ display("Encountered a TRUE bit at element number %d",i);
                disable block1;        //在标志寄存器中找到了值为"真"(1)的位,禁用 block1
            end
```

```
            i=i + 1;
        end
      end
  end
```

4.4.4　生成块

生成语句可以动态地生成 Verilog HDL 代码。这一声明语句方便了参数化模块的生成。当对矢量中的多个位进行重复操作时，或者当对多个模块的实例引用进行重复操作时，或者在根据参数的定义来确定程序中是否应该包括某段 Verilog HDL 代码时，使用生成语句能够大大简化程序的编写过程。

生成语句能够控制变量的声明、任务或函数的调用，还能对实例引用进行全面的控制。编写代码时必须在模块中说明生成的实例范围，关键字 generate - endgenerate 用来指定该范围。

生成实例可以是以下的一个或多种类型：

> 模块；
> 用户定义原语；
> 门级原语；
> 连续赋值语句；
> initial 和 always 块。

生成的声明和生成的实例能够在设计中被有条件地调用（实例引用）。在设计中可以多次调用（实例引用）生成的实例和生成的变量声明。生成的实例具有唯一的标识名，因此可以用层次命名规则引用。为了支持结构化的元件与过程块语句的相互连接，Verilog HDL 语言允许在生成范围内声明下列数据类型：

> net（线网）、reg（寄存器）；
> integer（整型）、real（实型）、time（时间型）、realtime（实数时间型）；
> event（事件）。

生成的数据类型具有唯一的标识名，可以被层次引用。此外，究竟是使用按照次序或者参数名赋值的参数重新定义，还是使用 defparam 声明的参数重新定义，都可以在生成范围中定义。不过需要注意的是，生成范围中定义的 defparam 语句所能够重新定义的参数，必须是在同一个生成范围内，或者是在生成范围的层次化实例当中。

任务和函数的声明也允许出现在生成范围之中，但是不能出现在循环生成当中。生成任务和函数同样具有唯一的标识符名称，可以被层次引用。

不允许出现在生成范围之中的模块项声明包括：

> 参数和局部参数；
> 输入、输出和输入/输出声明；
> 指定块。

生成模块实例的连接方法与常规模块实例相同。

在 Verilog HDL 中有 3 种创建生成语句的方法，它们是：

> 循环生成；
> 条件生成；

➤ case 生成。

接下来,对这 3 种方法进行详细说明。

1. 循环生成语句

循环生成语句允许使用者对下面的模块或模块项进行多次实例引用:

➤ 变量声明;

➤ 模块;

➤ 用户定义原语、门级原语;

➤ 连续赋值语句;

➤ initial 和 always 块。

程序清单 4.35 说明了如何使用生成语句对两个 N 位的总线用门级原语进行按位"异或"。在这里我们的目的在于说明循环生成语句的使用方法,其实这个例子如果使用矢量线网的逻辑表达式比用门级原语实现起来更为简单。

程序清单 4.35　对两个 N 位总线变量进行按位"异或"

```
module bitwise_xor(out,i0,i1);
parameter    N=32;              //参数声明语句,参数可以重新定义,缺省的总线位宽为 32 位
output[N-1:0]   out;            //端口声明语句
input[N-1:0]   i0,i1;
genvar  j;
//声明一个临时循环变量,只用于生成块的循环计算,Verilog HDL 仿真时该变量在设计中并不存在
generate                        //用一个单循环生成按位"异或"的"异或"门(xor)
for(j=0;  j < N;  j=j + 1)
begin : xor_loop
    xor g1 (out [j],i0 [j],i1 [j]);
end                             //在生成块内部结束循环
endgenerate                     //结束生成块
//另外一种编写形式
//"异或"门可以用 always 块来替代
//reg [N-1:0]   out;
//generate
//for(j=0;  j < N;  j=j + 1)
//begin: bit
//always @(i0 [j]   or   i1 [j])   out [j]=i0 [j] ˆ i0 [j];
//end
//endgenerate
endmodule
```

从程序清单 4.35 中可以观察到下面几个有趣的现象:

➤ 在仿真开始之前,仿真器会对生成块之中的代码进行确立(展平),将生成块转换为展开的代码,然后对展开的代码进行仿真。因此,生成块的本质是使用循环内的一条语句来代替多条重复的 Verilog HDL 语句,简化用户的编程。

➤ 关键词 genvar 用于声明生成变量,生成变量只能用在生成块之中。在确立后的仿真代码中,生成变量是不存在的。

➢ 一个生成变量的值只能由循环生成语句来改变。

➢ 循环生成语句可以嵌套使用。不过使用同一个生成变量作为索引的循环生成语句不能相互嵌套。

➢ xor_loop 是赋予循环生成语句的名字,目的在于通过它对循环生成语句之中的变量进行层次化引用。因此循环生成语句中各个"异或"门的相对层次名为 xor_loop[0]. g1、xor_loop[1]. g1、…、xor_loop[31]. g1。

循环生成语句的使用是相当灵活的。各种 Verilog HDL 语法结构都可以用在循环生成语句之中。对于读者来说,重要的是能够想象出循环生成语句被展平之后的形式,这对于理解循环生成语句的作用是很有必要的。程序清单 4.36 给出了使用生成语句描述的脉动加法器,并且在循环生成语句中声明了线网变量。

程序清单 4.36　使用循环生成语句实现门级脉动加法器

```
module ripple_adder(co,sum,a0,a1,ci);
parameter   N=4;                            //缺省的总线位宽为4
//端口声明语句
output [N-1:0] sum;
output   co;
input [N-1:0] a0,a1;
input ci;
wire [N-1:0] carry;                         //本地线网声明语句
assign carry [0]=ci;                        //指定进位变量的第0位等于进位的输入
//声明临时循环变量。该变量只用于生成块的计算
//由于在仿真前,循环生成已经展平,所以用 Verilog HDL 对
//设计进行仿真时,该变量已经不再存在
genvar   i;                                 //用一个单循环生成按位"异或"门等逻辑
generate for(i=0;i < N; i=i + 1)
begin: r_loop
    wire   t1,t2,t3;
    xor   g1(t1,a0[i],a1 [i]);
    xor   g2(sum [i],t1,carry [i]);
    and   g3(t2,a0[i],a1 [i]);
    and   g4(t3,t1,carry [i]);
    or   g5 (carry [i + 1],t2,t3);
    end                                     //生成块内部循环的结束
endgenerate                                 //生成块的结构
//根据上面的循环生成,Verilog HDL 编译器会自动生成以下相对层次实例名
//xor: r_loop[0]. g1,r_loop[1]. g1,r_loop[2]. g1,r_loop[3]. g1,
//     r_loop[0]. g2,r_loop[1]. g2,r_loop[2]. g2,r_loop[3]. g2,
//and: r_loop[0]. g3,r_loop[1]. g3,r_loop[2]. g3,r_loop[3]. g3,
//     r_loop[0]. g4,r_loop[1]. g4,r_loop[2]. g4,r_loop[3]. g4,
//or: r_loop[0]. g5,r_loop[1]. g5,r_loop[2]. g5,r_loop[3]. g5
//上面生成的实例用下面这些生成的线网连接起来
//Nets: r_loop[0]. t1,r_loop[0]. t2,r_loop[0]. t3
//      r_loop[1]. t1,r_loop[1]. t2,r_loop[1]. t3
```

```
//      r_loop[2].t1,r_loop[2].t2,r_loop[2].t3
//      r_loop[3].t1,r_loop[3].t2,r_loop[3].t3
assign   co=carry[N];
endmodule
```

2. 条件生成语句

条件生成语句类似于 if-else-if 的生成构造,该结构可以在设计模块中经过仔细推敲并确定表达式,有条件地调用(实例引用)以下这些 Verilog HDL 结构:

> 模块;
> 用户定义原语、门级原语;
> 连续赋值语句;
> initial 或 always 块。

程序清单 4.37 说明如何使用条件生成语句实现参数化乘法器。如果参数 a0_width 或 a1_width 小于 8(生成实例的条件),则调用(实例引用)超前进位乘法器;否则调用(实例引用)树形乘法器。

程序清单 4.37　使用条件生成语句实现参数化乘法器

```
module multiplier(product,a0,a1);
//参数声明,该参数可以重新定义
parameter   a0_width=8;
parameter   a1_width=8;
//本地参数声明
//本地参数不能用参数重新定义(defparam)修改,
//也不能在实例引用时通过传递参数语句,即 #(参数 1,参数 2,…)的方法修改
localparam   product_width=a0_width + a1_width;
//端口声明语句

output [product_width - 1:0]   product;
input [a0_width - 1:0]   a0;
input [a1_width - 1:0]   a1;

//有条件地调用(实例引用)不同类型的乘法器
//根据参数 a0_width 和 a1_width 的值,在调用时引用相对应的乘法器实例
generate
if(a0_width < 8) | |(a1_width < 8)
    cal_multiplier   #(a0_width,a1_width) m0(product,a0,a1);
else
    tree_multiplier   #(a0_width,a1_width) m0(product,a0,a1);
endgenerate   //生成块的结束
endmodule
```

3. case 生成语句

case 生成语句可以在设计模块中,根据仔细推敲确定多选一 case 构造,有条件地调用(实例引用)下面这些 Verilog HDL 结构:

> 模块;

> 用户定义原语、门级原语；

> 连续赋值语句；

> initial 或 always 块。

程序清单 4.38 说明如何使用 case 生成语句实现 N 位加法器。

程序清单 4.38　使用 case 生成语句实现 N 位的加法器

```
module adder(co,sum,a0,a1,ci);
//参数声明,本参数可以重新定义
parameter　N=4;                              //缺省的总线位宽为 4

//端口声明
output [N-1:0]　sum;
output　co;
input [N-1:0]　a0,a1;
input　ci;
//根据总线的位宽,调用(实例引用)相应的加法器
//参数 N 在调用(实例引用)时可以重新定义,调用(实例引用)
//不同位宽的加法器是根据不同的 N 来决定的
generate
    case(N)
    //当 N=1 或 2 时分别选用位宽为 1 位或 2 位的加法器
    1: adder_1bit   adder1(co,sum,a0,a1,ci);     //1 位加法器
    2: adder_2bit   adder2(co,sum,a0,a1,ci);     //2 位加法器
    //缺省的情况下选用位宽为 N 位的超前进位加法器
    default: adder_cla   #(N)   adder3(co,sum,a0,a1,ci);
    endcase
endgenerate                                  //生成块的结束
endmodule
```

4.4.5　小　结

在本节中我们学习了 Verilog 语法中几种条件语句、循环语句、块语句和生成语句的写法。有些语句与 C 语言很类似,因此比较容易理解。但也有一些语句则完全不同,我们应该注意到,在 Verilog HDL 语言中这些语句表示的不是一个直接的计算过程,而是逻辑电路硬件的行为。因此语句细微的差别其含义则有很大不同,通过综合生成的对应的硬件也有很大变化。必须认真理解这些细节才能够设计出符合要求的逻辑。因此要格外注意：if-else 语句的 else 是不是你设计中想要的行为；在 case 语句中也要注意,如果条件都不符合究竟如何处理；在条件语句中是否存在无关的位。这些细节的考虑会使设计出的电路更加简洁,因此准确地理解 casex 和 casez 与 case 有什么不同也是很重要的。另外 for 循环变量的增加也与 C 语言不同,不能用简化的＋＋写法。行为级描述根据电路实现的算法对其进行描述,不必包含硬件实现方面的细节。行为级设计一般用于设计初期,使用它来对各种与设计相关的折中进行评估。在许多方面,行为建模与 C 语言编程很类似。

结构化的过程块,即 initial 和 always 块,构成行为级建模的基础,其他所有的行为级语句只能出现在这两种块之中。initial 块只执行一次,而 always 块不断地反复执行,直到仿真

结束。

行为级建模中的过程赋值用于对寄存器类型的变量赋值。阻塞赋值必须按照顺序执行，前面语句完成赋值之后才能执行后面的阻塞赋值；而非阻塞赋值将产生赋值调度，同时执行其后面的语句。

Verilog HDL 中控制时序和语句执行顺序的 3 种方式是基于延迟的时序控制、基于事件的时序控制和电平敏感的时序控制。基于延迟的时序控制包括 3 种形式：常规延迟、0 延迟和内嵌延迟。基于事件的时序控制则包括常规事件、命名事件和 OR（或）事件。Wait 语句用于对电平敏感的时序控制。

行为级条件语句使用关键词 if - else 来表示。如果条件分支比较多，那么使用 case 语句更加方便。casex 语句和 casez 语句是 case 语句的特殊形式。

Verilog HDL 中的 4 种循环语句分别用关键字 while、for、repeat 和 forever 表示。

顺序块和并行块使用两种类型的块语句。顺序块使用关键字 begin - end，而并行块使用关键字 fork - join 来表示。块可以具有名字，并且可以嵌套使用。如果块具有名字，那么可以在设计中的任何地方对其禁用。命名块能够通过层次名进行引用。

生成语句可以在仿真开始前的详细设计阶段动态地生成 Verilog HDL 代码，这促进了参数化建模。当需要对矢量的多个位进行重复操作、模块实例的重复引用，或根据参数的定义确定是否包括某一段代码时，使用生成语句是非常方便的。生成语句有 3 种类型，分别是：循环生成语句、条件生成语句和 case 生成语句。

4.5　Verilog HDL 基本语法四

4.5.1　结构说明语句

Verilog HDL 语言中的任何过程模块都从属于以下 4 种结构的说明语句。

① initial 说明语句；

② always 说明语句；

③ task 说明语句；

④ function 说明语句。

一个程序模块可以有多个 initial 和 always 过程块。每个 initial 和 always 说明语句在仿真一开始立即且同时开始执行。initial 语句只执行一次，而 always 语句则不断地重复执行，直到仿真过程结束。但 always 语句后跟着的过程块是否执行，则要看它的触发条件是否满足。若满足，则执行过程块一次；再次满足，则再执行一次；直至仿真过程结束。

在一个模块中，使用 initial 和 always 语句的次数不受限制，它们都同时开始执行。task 和 function 语句可以在程序模块中的一处或多处调用，其具体使用方法在 4.5.2 小节再详细介绍，在这里只介绍 initial 和 always 语句。

1. initial 语句

initial 语句的格式如下所示：

initial

```
begin
    语句 1;
    语句 2;
      ⋮
    语句 n;
end
```

如程序清单 4.39 所示是用 initial 块对存储器变量赋初始值。在这个例子中,用 initial 语句在仿真开始时对各变量进行初始化,注意这个初始化过程不需要任何仿真时间(即在 0 ns 时间内,便可以完成存储器的初始化工作)。

程序清单 4.39 用 initial 语句初始化存储器

```
initial
begin
    areg=0;                                  //初始化寄存器 areg
    for(index=0; index < size; index=index + 1)
    memory[index]=0;                          //初始化 memory
end
```

如程序清单 4.40 所示,可以看到 initial 语句的另一用途,即用 initial 语句来生成激励波形作为电路的测试仿真信号。

> **注意:** 一个模块中可以有多个 initial 块,它们都是并行运行的。initial 块常用于测试文件和虚拟模块的编写,用来产生仿真测试信号和设置信号记录等仿真环境。

程序清单 4.40 用 initial 语句来生成激励波形

```
initial
begin
        inputs= 'b000000;                  //初始时刻为 0
    #10inputs= 'b011001;                   //"'"是英文输入法中的单引号
    #10inputs= 'b011011;
    #10inputs= 'b011000;
    #10inputs= 'b001000;
end
```

2. always 语句

always 语句在仿真过程中是不断活动着的。但 always 语句后跟着的过程块是否执行,则要看它的触发条件是否满足,若满足则执行过程块一次,若不断满足则不断地循环执行。

其声明格式如下:

always ＜时序控制＞ ＜语句＞

always 语句由于其不断活动的特性,只有与一定的时序控制结合在一起才有用。如果一个 always 语句没有时序控制,则这个 always 语句将会使仿真器产生死锁。例如:

```
always   areg=~areg;
```

这个 always 语句生成一个 0 延迟的无限循环跳变过程,这时会发生仿真死锁。但如果加上时序控制,则这个 always 语句将变为一条非常有用的描述语句。例如:

```
always   #half_period   areg=~areg;
```

这个例子生成一个周期为 period(=2 * half_period) 的无限延续的信号波形。常用这种方法来描述时钟信号,作为激励信号来测试所设计的电路。

在程序清单 4.41 中,每当 areg 信号的上升沿出现时,都把 tick 信号反相,并且把 counter 增加 1,这种时间控制是 always 语句最常用的。

程序清单 4.41　always 沿触发

```
reg tick;
reg [7:0]   counter;
always @(posedge areg)
begin
    tick=~tick;
    counter=counter + 1;
end
```

always 的时间控制可以是沿触发,也可以是电平触发,可以是单个信号,也可以是多个信号,中间需要用关键字 or 连接,如程序清单 4.42 所示。

程序清单 4.42　always 两种格式

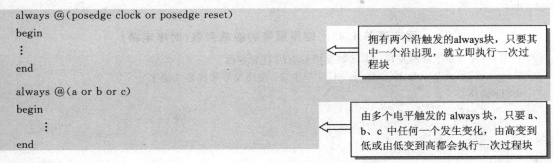

```
always @(posedge clock or posedge reset)
begin
⋮
end

always @(a or b or c)
begin
⋮
end
```

拥有两个沿触发的always块,只要其中一个沿出现,就立即执行一次过程块

由多个电平触发的 always 块,只要a、b、c 中任何一个发生变化,由高变到低或由低变到高都会执行一次过程块

沿触发的 always 块常常描述时序行为(如有限状态机),如果符合可综合风格要求,则可通过综合工具自动地将其转换为表示寄存器组和门级组合逻辑的结构,而该结构应具有时序所要求的行为;而电平触发的 always 块常常用来描述组合逻辑的行为,如果符合可综合风格要求,可通过综合工具自动将其转换为表示组合逻辑的门级逻辑结构或带锁存器的组合逻辑结构,而该结构应具有所要求的行为。一个模块中可以有多个 always 块,它们都是并行运行的。如果这些 always 块是可以综合的,则表示的是某种结构;如果不可综合,它们表示的则是电路结构的行为,因此多个 always 块并没有前后之分。

(1) always 块的 or 事件控制

有时,多个信号或者事件中任意一个发生变化都能够触发语句或语句块的执行动作。在 Verilog HDL 语言中,可以使用"或"表达式来表示这种情况。由关键词 or 连接的多个事件名或者信号名组成的列表称为敏感列表。关键词 or 用来表示这种关系,或者使用","来代替,如程序清单 4.43 所示。

程序清单 4.43　or 事件控制（敏感列表）

```
always @(reset  or  clock  or  d)
//有异步复位的电平敏感锁存器,等待 reset、clock、d 的改变
begin
    if(reset)                   //若 reset 信号为高,把 q 置零
        q=1 'b0;
    else  if(clock)             //若 clock 信号为高,锁存输入信号 d
        q=d;
end
```

Verilog1364 - 2001 版本的语法中,对于原来的规定进行了补充:关键词 or 也可以使用 ",";来代替。程序清单 4.44 和程序清单 4.45 中给出了使用逗号的例子。使用","来代替关键词 or 也适用于跳变沿敏感的触发器。

程序清单 4.44　使用逗号的敏感列表（组合电路）

```
always @(reset,clock,d)
//有异步复位的电平敏感锁存器,等待 reset、clock、d 的改变
begin
    if(reset)                   //若 reset 信号为高,把 q 置零
        q=1 'b0;
    else  if(clock)             //若 clock 信号为高,锁存输入信号 d
    q=d;
end
```

程序清单 4.45　使用逗号的敏感列表（时序电路）

```
//用 reset 异步下降沿复位,clk 正跳变沿触发的 D 寄存器
always @(posedge clk,negedge reset)   //注意:使用逗号来代替关键字 or
if (!reset)
    q <=0;
else
    q <=d;
```

如果组合逻辑块语句的输入变量很多,那么编写敏感列表会很繁琐并且容易出错。针对这种情况,Verilog HDL 提供另外两个特殊的符号:"@ *"和"@(*)",它们都表示对其后面语句块中所有输入变量的变化是敏感的。程序清单 4.46 说明了如何用这两个符号表示组合逻辑的敏感列表。

程序清单 4.46　组合逻辑的典型敏感列表

```
//用 or 操作符的组合逻辑块
//编写敏感列表很繁琐并且容易漏掉一个输入
always @(a or b or c or d or e or f or g or h or p or m)
begin
    out1=a ? b + c:d + e;
    out2=f ? g + h:p + m;
```

```
end
```

不用上述方法，用符号"@（＊）"来代替，可以把所有输入变量都自动包括进敏感列表，杜绝漏写敏感列表变量的错误，如程序清单 4.47 所示。

程序清单 4.47　"@（＊）"操作符的使用

```
always @（＊）
begin
    out1＝a ? b + c;d + e;
    out2＝f ? g + h;p + m;
end
```

（2）电平敏感时序控制

前面所讨论的事件控制都需要等待信号值的变化或者事件的触发，使用符号"@"和后面的敏感列表来表示。Verilog HDL 同时也允许使用另外一种形式表示的电平敏感时序控制（即后面的语句和语句块需要等待某个条件为"真"才能执行）。Verilog HDL 语言用关键字 wait 来表示等待电平敏感的条件为"真"，如程序清单 4.48 所示。

程序清单 4.48　电平敏感的时序控制

```
always    wait（count_enable）    # 20 count＝count + 1;
```

在程序清单 4.48 中，仿真器连续监视 count_enable 的值。若其值为 0，则不执行后面的语句，仿真会停顿下来；如果其值为 1，则在 20 个时间单位之后执行这条语句。如果 count_enable 始终为 1，那么 count 将每过 20 个时间单位加 1。

4.5.2　task 和 function 说明语句

task 和 function 说明语句分别用来定义任务和函数。利用任务和函数可以把一个很大的程序模块分解成许多较小的任务和函数，以便于理解和调试。输入、输出和总线信号的值可以传入、传出任务和函数。任务和函数往往还是大的程序模块中在不同地点多次用到的相同的程序段。学会使用 task 和 function 语句可以简化程序的结构，使程序明白易懂，是编写较大型模块的基本功。

1. task 和 function 说明语句的不同点

任务和函数有些不同，主要的不同有以下 4 点：

① 函数只能与主模块共用同一个仿真时间单位，而任务可以定义自己的仿真时间单位。

② 函数不能启动任务，而任务能启动其他任务和函数。

③ 函数至少要有一个输入变量，而任务可以没有或有多个任何类型的变量。

④ 函数返回一个值，而任务则不返回值。

函数的目的是通过返回一个值来响应输入信号的值。任务却能支持多种目的，能计算多个结果值，这些结果值只能通过被调用任务的输出或总线端口送出。Verilog HDL 模块使用函数时是把它作为表达式中的操作符，这个操作的结果值就是这个函数的返回值。

例如：定义一任务或函数对一个 16 位的字进行操作，让高字节与低字节互换，把它变为另一个字（假定这个任务或函数名为 switch_bytes）。任务返回的新字是通过输出端口的变量，因此 16 位字高低字节互换任务的调用源码是这样的：

```
switch_bytes(old_word,new_word);
```

任务 switch_bytes 把输入 old_word 的字的高、低字节互换。放入 new_word 端口输出。而函数返回的新字是通过函数本身的返回值，因此 16 位字高低字节互换函数的调用源码是这样的：

```
new_word=switch_bytes(old_word);
```

下面分别介绍任务和函数语句的要点。

2. task 说明语句

如果传给任务的变量和任务完成后接收结果的变量已定义，就可以用一条语句启动任务。任务完成以后控制就传回启动过程。若任务内部有定时控制，则启动的时间可以与控制返回的时间不同。任务可以启动其他任务，其他任务又可以启动别的任务，可以启动的任务数是没有限制的。不管有多少任务启动，只有当所有的启动任务完成以后，控制才能返回。

(1) 任务的定义

定义任务的语法如下（这些声明语句的语法与模块定义中的对应声明语句的语法是一致的）：

任务定义语句格式如下：

task ＜任务名＞；
　　＜端口及数据类型声明语句＞
　　＜语句 1＞
　　＜语句 2＞
　　⋮
　　＜语句 n＞
endtask

(2) 任务的调用及变量的传递

启动任务并传递输入/输出变量的声明语句的语法如下：

＜任务名＞（端口 1，端口 2，…，端口 n）；

程序清单 4.49 说明了怎样定义任务：

程序清单 4.49　任务定义举例

```
task   my_task;
    input a,b;
    inout c;
    output d,e;
    ⋮
    ＜语句＞                 //执行任务工作相应的语句
    ⋮
    c=foo1;                 //赋初始值
    d=foo2;                 //对任务的输出变量赋值
    e=foo3;
```

endtask

任务调用：

my_task(v,w,x,y,z);

任务调用变量(v,w,x,y,z)和任务定义的 I/O 变量(a,b,c,d,e)之间是一一对应的。当任务启动时，由 v、w 和 x 传入的变量赋给 a、b 和 c；而任务完成后的输出又通过 c、d 和 e 赋给 x、y 和 z。程序清单 4.50 是一个具体的例子，用来说明怎样在模块的设计中使用任务，使程序容易读懂。该例子描述了红绿黄交通灯行为的 Verilog HDL 模块，其中使用了任务。

程序清单 4.50　交通灯

```
module      traffic_lights;
reg         clock,red,amber,green;
parameter   on=1,off=0,red_tics=350;
parameter   amber_tics=30,green_tics=200;
//交通灯初始化
initial   red=off;
initial   amber=off;
initial   green=off;

//交通灯控制时序
always
begin
    red=on;                          //开红灯
    light(red,red_tics);             //调用等待任务
    green=on;                        //开绿灯
    light(green,green_tics);         //等待
    amber=on;                        //开黄灯
    light(amber,amber_tics);         //等待
end
//定义交通灯开启时间的任务
task   light;
    output   color;
    input[31:0] tics;
    begin
    repeat(tics)
    @(posedge clock);                //等待 tics 个时钟的上升沿
        color=off;                   //关灯
    end
endtask
//产生时钟脉冲的 always 块
always
begin
    #100 clock=0;
    #100 clock=1;
end
```

endmodule

这个例子描述了一个简单的交通灯的时序控制,并且该交通灯有它自己的时钟产生器。注意该模块只是一个行为模块,不能综合成电路网表。

3. function 说明语句

函数的目的是返回一个用于表达式的值。

(1) 定义函数的语法

函数定义的语法如下:

function ＜返回值的类型或范围＞（函数名）；
　　＜端口说明语句＞
　　＜变量类型说明语句＞
　　begin
　　　　＜语句＞
　　　　　⋮
　　end
endfunction

请注意＜返回值的类型或范围＞这一项是可选项,若缺省则返回值为一位寄存器类型数据。下面用程序清单 4.51 说明。

程序清单 4.51　函数定义举例

```
function [7:0] getbyte;
input [15:0] address;
begin
    ＜说明语句＞                        //从地址字中提取低字节的程序
    getbyte＝result_expression;         //把结果赋予函数的返回字节
end
endfunction
```

(2) 从函数返回的值

函数的定义声明了与函数同名的、函数内部的寄存器。若在函数的声明语句中,＜返回值的类型或范围＞为缺省,则该寄存器是一位的;否则该寄存器是与函数定义中＜返回值的类型或范围＞一致的寄存器。函数的定义把函数返回值所赋值寄存器的名称初始化为与函数同名的内部变量。下面第(3)条中的例子说明了这个概念：getbyte 被赋予的值就是函数的返回值。

(3) 函数的调用

函数的调用是通过将函数作为表达式中的操作数来实现的。其调用格式如下:

　　＜函数名＞（＜表达式＞,…,＜表达式＞）

其中函数名作为确认符。下面的例子中,两次调用函数 getbyte,把两次调用产生的值进行位拼接运算,来生成一个字。

```
word＝control? {getbyte(msbyte),getbyte(lsbyte)}：0;
```

(4) 函数的使用规则

与任务相比较,函数的使用有较多的约束。函数的使用规则如下:

➤ 函数的定义不能包含任何时间控制语句,即任何用♯、@、或 wait 来标识的语句;

➤ 函数不能启动任务;

➤ 定义函数时至少要有一个输入参数;

➤ 在函数的定义中必须有一条赋值语句给函数中的一个内部变量赋以函数的结果值,该内部变量具有与函数名相同的名字。

程序清单 4.52 中定义了一个可进行阶乘运算的名为 factorial 的函数。该函数返回一个 32 位寄存器类型的值,可向后调用自身,并且打印出部分结果值。

程序清单 4.52　阶乘函数的定义和调用

```
module   tryfact;
//函数的定义——————————————————————————————————————————
function[31:0] factorial;
input[3:0] operand;
reg[3:0] index;
begin
    factorial=1;                              //0 的阶乘为 1,1 的阶乘也为 1
    for(index=2; index<=operand; index=index+1)
    factorial=index * factorial;
end
endfunction
//函数的测试——————————————————————————————————————————
reg[31:0] result;
reg[3:0] n;
initial
begin
    result=1;
    for(n=2;n<=9;n=n+1)
    begin
        $ display("Partial result n=%d result=%d",n,result);
        result=n * factorial(n)/((n * 2)+1);
    end
    $ display("Finalresult=%d",result);
end
endmodule                                      //模块结束
```

前面已经介绍了足够的语句类型,用这些语句类型可以编写一些完整的模块。下面将举许多实际的例子介绍函数的使用。这些例子都给出了完整的模块描述,因此可以对它们进行仿真测试和结果检验。通过学习和练习就能逐步掌握利用 Verilog HDL 设计数字系统的方法和技术。

4. 函数的使用举例

下面我们讨论两个例子。第一个例子是奇偶校验位计算器,它的返回值是一个一位值;第二个例子对能左/右移位的 32 位寄存器建模,它的返回值是移位后的 32 位值。

(1) 奇偶校验位的计算

程序清单 4.53 的功能是计算 32 位地址值的偶校验位,并且返回校验位的值。在这个例子中假设采用偶校验,给出了函数 calc_parity 的定义和调用。

程序清单 4.53　奇偶校验程序

```
//定义一个模块,其中包含能计算偶校验位的函数(calc_parity)
module parity;
reg[31:0] addr;
reg parity;
initial
begin
    addr=32'h3456_789a;
    #10 addr=32'hc4c6_78ff;
    #10 addr=32'hff56_ff9a;
    #10 addr=32'h3faa_aaaa;
end
//每当地址值发生变化时,就计算新的偶校验位
always @(addr)
begin
    parity=calc_parity(addr);               //第一次启动校验位计算函数 calc_parity
    $ display("Parity calculated=%b",calc_parity(addr));
    //第二次启动校验位计算函数 calc_parity
end
//定义偶校验计算函数
function calc_parity;
input [31:0] address;
//适当地设置输出值,使用隐含的内部寄存器 calc_parity
begin
    calc_parity=^address;                   //返回所有地址位的"异或"值
end
endfunction
endmodule
```

在函数第一次被调用时,它的返回值用来设置寄存器变量 patity;在第二次被调用时,它的返回值直接使用系统任务 $ display 进行显示。从这点可以看出,函数的返回值被用在函数调用的地方。声明函数变量的另一种方法是使用 C 风格的描述。程序清单 4.54 给出了使用 C 风格进行变量声明的 calc_parity 定义。

程序清单 4.54　C 风格的函数定义

```
function   calc_parity (input [31:0] address);
//适当地设置输出值,使用隐含的内部寄存器 calc_parity
begin
    calc_parity=^address;                       //返回所有地址位的"异或"值
end
```

endfunction

(2) 左 / 右移位寄存器

为了说明如何声明函数的输出范围。考虑一个具有移位功能的函数,如程序清单 4.55 所示,它根据控制信号的不同将一个 32 位数每次左移或者右移一位。

程序清单 4.55　左右移位寄存器

```
//定义一个包含移位函数的模块
module shifter;                                    //左/右移位寄存器
`define LEFT_SHIFT          1'b0
`define RIGHT_SHIFT         1'b1
reg[31:0] addr,            left_addr,right_addr;
reg         control;
//每当新地址出现时就计算右移位和左移位的值
always @(addr)
begin
//调用下面定义的具有左右移位功能的函数
    left_addr＝shift(addr,`LEFT_SHIFT);
    right_addr＝shift(addr,`RIGHT_SHIFT);
end
//定义移位函数,其输出是一个 32 位的值
function [31:0] shift;
input [31:0] address;
input control;
begin
//根据控制信号适当地设置输出值
    shift＝(control＝＝`LEFT_SHIFT) ? (address ＜＜ 1):(address ＞＞ 1);
end
endfunction
endmodule
```

5. 自动(递归)函数

Verilog HDL 中的函数是不能够进行递归调用的。设计模块中若某函数在两个不同的地方被同时并发调用,由于这两个调用同时对同一块地址空间进行操作,那么计算结果将是不确定的。

若在函数声明时使用了关键字 automatic,那么该函数将成为自动的或可递归的,即仿真器为每一次函数调用动态地分配新的地址空间,每一个函数调用都对各自的地址空间进行操作。因此,自动函数中声明的局部变量不能通过层次名进行访问。而自动函数本身可以通过层次名进行调用。

程序清单 4.56 说明了该如何定义自动函数,来完成阶乘运算。

程序清单 4.56　自动(递归)函数

```
//用函数的递归调用定义阶乘计算
module top;
  ⋮
```

```
//定义自动(递归)函数
function automatic integer factorial;
input[31:0] oper;
integer i;
begin
    if(operand >=2)
        factorial=factorial(oper - 1) * oper;              //递归调用
    else
        factorial=1;
    end
endfunction
//调用该函数
integer result;
initial
begin
    result=factorial(4);                                    //调用 4 的阶乘
    $ display(" Factorial of 4 is % 0d ",result);          //显示 24
end
⋮
endmodule
```

6. 常量函数

常量函数实际上是一个带有某些限制的常规 Verilog HDL 函数。这种函数能够用来引用复杂的值,因而可用来代替常量。在程序清单 4.57 中声明了一个常量函数,它可以用来计算模块中地址总线的宽度。

程序清单 4.57　常量函数

```
module ram(… … …);
parameter   RAM_DEPTH=256;
input[clog2(RAM_DEPTH) - 1:0]   addr_bus;
⋮
function integer clogb2(input   integer depth);
begin
    for(clogb2=0; depth > 0; clogb2=clogb2 + 1)
        depth=depth >> 1;
end
endfunction
endmodule
```

7. 带符号函数

带符号函数的返回值可以作为带符号数进行运算。程序清单 4.58 给出了带符号函数的例子。

程序清单 4.58　带符号函数

```
module top;
```

```
　⋮
　//
　function　signed [63:0]　compute _signed (input [63:0]　vector);
　⋮
　endfunction
　if(compute_signed (vector)<－3)
　begin
　⋮
　end
　⋮
　endmodule
```

4.5.3　小　结

　　在本节中,对 Verilog HDL 行为建模中使用的任务和函数进行了讨论。

　　① 任务和函数都是用来对设计中多处使用的公共代码进行定义的。使用任务和函数可以将模块分割成许多个可独立管理的子单元,增强了模块的可读性和可维护性。它们与 C 语言中的子程序起相同的作用。

　　② 任务可以具有任意多个输入、输入/输出(inout)和输出变量。在任务中可以使用延迟、事件和时序控制结构,可以调用其他的任务和函数。

　　③ 可重入任务使用关键字 automatic 进行定义,它的每一次调用都对不同的地址空间进行操作。因此,在被多次并发调用时,它仍然可以获得正确的结果。

　　④ 函数只能有一个返回值,并且至少要有一个输入变量。在函数中不能使用延迟、事件和时序控制结构;可以调用其他函数,但是不能调用任务。

　　⑤ 当声明函数时,Verilog 仿真器都会隐含地声明一个同名的寄存器变量,函数的返回值通过这个寄存器传递回调用处。

　　⑥ 递归函数使用关键字 automatic 进行定义,递归函数的每一次调用都拥有不同的地址空间。因此,对这种函数的递归调用和并发调用可以得到正确的结果。

　　⑦ 任务和函数都包含在设计层次之中,可以通过层次名对它们进行调用。

4.6　Verilog HDL 基本语法五

　　本节中将讨论 Verilog HDL 语言中一些常用的系统任务,它们各自适用不同的场合。下面将讨论用于文件输出、显示层次、选通显示(strobing)、存储器初始化和值变转储的系统任务。

4.6.1　系统任务 \$ display 和 \$ write

　　格式如下:

　　\$ display (p1,p2,…,pn);

　　\$ write (p1,p2,…,pn);

　　这两个函数和系统任务的作用是用来输出信息,即将参数 p2～pn 按参数 p1 给定的格式输出。参数 p1 通常称为"格式控制"，参数 p2～pn 通常称为"输出表列"。这两个任务的作用基本相同。$display 自动地在输出后进行换行，$write 则不是这样。如果想在一行里输出多个信息，可以使用 $write。在 $display 和 $write 中，输出格式控制是用双引号括起来的字符串，它包括两种信息。

（1）格式说明

格式说明由"%"和格式字符组成。它的作用是将输出的数据转换成指定的格式输出。格式说明总是由"%"字符开始，对于不同类型的数据用不同的格式输出。表 4.14 中给出了常用的几种输出格式。

表 4.14　常用的输出格式及说明

输出格式	说　明
%h 或 %H	以十六进制数的形式输出
%d 或 %D	以十进制数的形式输出
%o 或 %O	以八进制数的形式输出
%b 或 %B	以二进制数的形式输出
%c 或 %C	以 ASCII 码字符的形式输出
%v 或 %V	输出网络型数据信号强度
%m 或 %M	输出等级层次的名字
%s 或 %S	以字符串的形式输出
%t 或 %T	以当前的时间格式输出
%e 或 %E	以指数的形式输出实型数
%f 或 %F	以十进制数的形式输出实型数
%g 或 %G	以指数或十进制数的形式输出实型数，无论何种格式都以较短的结果输出

（2）普通字符

普通字符即需要原样输出的字符。其中一些特殊的字符可以通过表 4.15 中的换码序列来输出。表 4.15 中的字符形式用于格式字符串参数中，用来显示特殊的字符。

表 4.15　换码序列及功能

换码序列	功　能
\n	换行
\t	横向跳格（即跳到下一个输出区）
\\	反斜杠字符"\"
\"	双引号字符"""
\o	1～3 位八进制数代表的字符
%%	百分符号"%"

在 $display 和 $write 的参数列表中，其"输出表列"是需要输出的一些数据，可以是表达式。举例说明，如程序清单 4.59 和程序清单 4.60 所示。

程序清单 4.59　系统函数举例 1

```
module   disp;
initial
begin
     $ display("\\t%%\n\"\123");
end
endmodule
```

输出结果为：

```
\%
"S
```

从程序清单 4.59 中可以看到一些特殊字符的输出形式（八进制数 123 就是字符 S）。

程序清单 4.60　系统函数举例 2

```
module disp;
reg[31:0] rval;
pulldown(pd);
initial
begin
     rval=101;
     $ display("rval=%h hex %d decimal",rval,rval);
     $ display("rval=%o otal %b binary",rval,rval);
     $ display("rval has %c ascii character value",rval);
     $ display("pd strength value is %v",pd);
     $ display("current scope is %m");
     $ display("%s is ascii value for 101",101);
     $ display("simulation time is %t", $ time);
end
endmodule
```

其输出结果为：

```
rval=00000065 hex 101 decimal
rval=00000000145 octal 00000000000000000000000001100101 binary
rval has e ascii character value
pd strength value is StX
current scope is disp
e is ascii value for 101
simulation time is 0
```

在 $ display 中，输出列表中数据的显示宽度是自动按照输出格式进行调整的。这样在显示输出数据时，经过格式转换以后，总是用表达式的最大可能值所占的位数来显示表达式的当前值。在用十进制数格式输出时，输出结果前面的 0 值用空格来代替。对于其他进制，输出结果前面的 0 仍然显示出来。例如，对于一个值的位宽为 12 位的表达式：若按照十六进制数输出，则输出结果占 3 个字符的位置；如按照十进制数输出，则输出结果占 4 个字符的位置。这是因为这个表达式的最大可能值为 FFF(十六进制)、4 095(十进制)。可以通过在"％"和表示进制的字符中间插入一个 0 来自动调整显示输出数据宽度的方式。例如：

```
$ display("d=％0h a=％0h",data,addr);
```

这样在显示输出数据时,在经过格式转换以后,总是用最少的位数来显示表达式的当前值。程序清单 4.61 举例说明。

程序清单 4.61　$ display 显示位数

```
module printval;
reg[11:0] r1;
initial
begin
    r1=10;
    $ display("Printing with maximum size=％d=％h",r1,r1);
    $ display("Printing with minimum size=％0d=％0h",r1,r1);
end
enmodule
```

输出结果为：

```
Printing with maximum size=10=00a;
printing with minimum size=10=a;
```

如果输出列表中表达式的值包含不确定的值或高阻值,其结果输出遵循以下规则：

① 在输出格式为十进制的情况下：

➤ 如果表达式值的所有位均为不定值,则输出结果为小写的 x。

➤ 如果表达式值的所有位均为高阻值,则输出结果为小写的 z。

➤ 如果表达式值的部分位为不定值,则输出结果为大写的 X。

➤ 如果表达式值的部分位为高阻值,则输出结果为大写的 Z。

② 在输出格式为十六进制和八进制的情况下：

➤ 每 4 位二进制数为一组,代表一位十六进制数；每 3 位二进制数为一组,代表一位八进制数。

➤ 如果表达式值相对应的某进制数的所有位均为不定值,则该位进制数的输出结果为小写的 x。

➤ 如果表达式值相对应的某进制数的所有位均为高阻值,则该位进制数的输出结果为小写的 z。

➤ 如果表达式值相对应的某进制数的部分位为不定值,则该位进制数的输出结果为大写的 X。

➤ 如果表达式值相对应的某进制数的部分位为高阻值,则该位进制数的输出结果为大写的 Z。

③ 对于二进制输出格式,表达式值的每一位的输出结果为 0、1、x、z。

例如,语句输出结果为：

```
$ display("％d",1'bx);                                      //输出结果为：x
```

```
$ display("%h",14'bx0_1010);                              //输出结果为：xxXa
$ display("%h %o",12'b001x_xx10_1x01,12'b001_xxx_101_x01);  //输出结果为：XXX 1x5X
```

☞ **注**：因为 $ write 在输出时不换行，要注意它的使用。可以在 $ write 中加入换行符"\n"，以确保明确的输出显示格式。

4.6.2　系统任务 $ fopen

1. 打开文件

文件可以用系统任务 $ fopen 打开，打开文件的格式如下：

$ fopen("<文件名>")；

<文件句柄>= $ fopen("<文件名>")；

任务 $ fopen 返回一个称为多通道描述符（multichannel descriptor）的 32 位值。多通道描述符中只有一位设置成 1。而标准输出就是一个多通道描述符，其最低位（第 0 位）设置成 1，因此标准输出也称为通道 0。标准输出一直是开放的。以后每一次调用 $ fopen 都会打开一个新的通道，并且返回一个设置了从第 1 位、第 2 位直到第 32 位的多通道描述符。第 31 位是保留位。通道号与多通道描述符中设置为 1 的位相对应，多通道描述符的优点在于可以有选择地同时写多个文件。下面将详细解释这一点。

程序清单 4.62 说明了文件描述符的使用方法。

程序清单 4.62　文件描述符

```
//多通道描述符
integer    handle1,handle2,handle3;               //整型数为 32 位
//标准输出是打开的；descriptor＝32'h0000_0001  （第 0 位置 1）
initial
begin
    handle1= $ fopen("file1.out");                //handle1＝32'h0000_0002（第 1 位置 1）
    handle2= $ fopen("file2.out");                //handle2＝32'h0000_0004（第 2 位置 1）
    handle3= $ fopen("file3.out");                //handle3＝32'h0000_0008（第 3 位置 1）
end
```

2. 写文件

系统任务 $ fdisplay、$ fmonitor、$ fwrite 和 $ fstrobe 都用于写文件。

🐾 **注意**：这些任务在语法上与常规系统任务 $ display、$ monitor 等类似，但是它们提供了额外的写文件功能。下面只考虑 $ fdisplay 和 $ fmonitor 任务。

写文件格式如下：

$ fdisplay(<文件描述符>,p1,p2,…,pn)；

$ fmonitor(<文件描述符>,p1,p2,…,pn)；

p1,p2,…,pn 可以是变量、信号名或者带引号的字符串。文件描述符是一个多通道描述符,它可以是一个文件句柄或者多个文件句柄按位的组合。Verilog HDL 会把输出写到与文件描述符中值为 1 的位相关联的所有文件中。程序清单 4.63 将使用程序清单 4.62 中定义的文件描述符来解释 $fdisplay 和 $fmonitor 任务的使用。

程序清单 4.63　文件描述符的使用

```
//写到文件中
integer desc1,desc2,desc3;                  //3 个文件的描述符
initial
begin
    desc1=handle1 | 1;                      //按位"或";desc1=32'h0000_0003
    $fdisplay(desc1,"Display 1");           //写到文件 file1.out 和标准输出 stdout
    desc2=handle2 | handle1;                //desc2=32'h0000_0006
    $fdisplay(desc2,"Display 2");           //写到文件 file1.out 和 file2.out
    desc3=handle3;                          //desc3=32'h0000_0008
    $fdisplay(desc3,"Display 3");           //只写到文件 file3.out
end
```

3. 关闭文件

文件可以用系统任务 $fclose 来关闭,格式如下:

$fclose(<文件描述符>);
关闭文件
$fclose(handle1);

文件一旦被关闭就不能再写入。多通道描述符中的相应位设置为 0。下一次 $fopen 的调用可以重用这一位。

4.6.3　系统任务%m

通过任何显示任务,如 $display、$write、$monitor 或者 $strobe 任务中%m 选项的方式,可以显示任何级别的层次,这是非常有用的选项。例如,当一个模块的多个实例执行同一段 Verilog HDL 代码时,%m 选项会区分哪个模块实例在输出。显示任务中的%m 选项无需参数。参见程序清单 4.64。

程序清单 4.64　显示层次

```
//显示层次信息
module   M;
initial
    $display("Displaying in %m");
endmodule
//调用模块 M
module top;
M   m1();
M   m2();
M   m3();
```

endmodule

仿真输出如下所示：

Displaying in top. m1
Displaying in top. m2
Displaying in top. m3

这一特征可以显示全层次路径名，包括模块实例、任务、函数和命名块。

4.6.4 系统任务 $ dumpfile

值变转储文件（VCD）是一个 ASCII 文件，它包含仿真时间、范围与信号的定义以及仿真运行过程中信号值的变化等信息。设计中的所有信号或者选定的信号集合在仿真过程中都可以写入 VCD 文件。后处理工具可以把 VCD 文件作为输入，并把层次信息、信号值和信号波形显示出来。现在有许多商业后处理工具以及集成到仿真器中的工具可供使用。对于大规模设计的仿真，设计者可以把选定的信号转储到 VCD 文件中，并使用后处理工具去调试、分析和验证仿真输出结果。在调试过程中 VCD 文件的使用流程如图 4.9 所示。

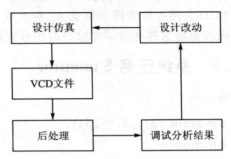

图 4.9 用仿真产生的 VCD 文件分析和查错

Verilog HDL 提供了系统任务来选择要转储的模块实例或模块实例信号（$ dumpvars），选择 VCD 文件的名称（$ dumpfile），选择转储过程的起点和终点（$ dumpon，$ dumpoff），选择生成检测点（$ dumpall），每个任务的使用方法如程序清单 4.65 所示。

程序清单 4.65 VCD 文件系统任务

```
//指定 VCD 文件名。若不指定 VCD 文件，则由仿真器指定一缺省文件名
initial
    $ dumpfile ("myfile. dmp");          //仿真信息转储到 myfile. dmp 文件
initial
    $ dumpvars;                          //没有指定变量范围，把设计中全部信号都转储
initial
    $ dumpvars(1,top);                   //转储模块实例 top 中的信号
//数 1 表示层次的等级，只转储 top 下第 1 层信号，即转储 top 模块中的变量，
//而不转储在 top 中调用模块中的变量
initial
    $ dumpvars (2,top. m1);              //转储 top. m1 模块下两层的信号
initial
    $ dumpvars (0,top. m1);              //数 0 表示转储 top. m1 模块下面各个层的所有信号
//启动和停止转储过程
initial
begin
  $ dumpon;                             //启动转储过程
```

```
        #100000 $dumpoff;                          //过了100 000个仿真时间单位后,停止转储过程
    end
//生成一个检查点,转储所有VCD变量的现行值
initial
        $dumpall;
```

$dumpfile 和 $dumpvars 任务通常在仿真开始时指定。 $dumpon、$dumpoff 和 $dumpall 任务在仿真过程中控制转储过程。

有一些具有图形显示功能的后处理工具可供商业上的应用,它们目前是仿真和调试过程的重要组成部分。对于大规模的仿真,设计者难以分析 $display 和 $monitor 语句的输出。从图形形式的波形分析结果更加直观。VCD之外的其他格式也已经出现,但是VCD仍然是最流行的 Verilog HDL 仿真器转储格式。

VCD文件可能变得非常庞大(对大规模设计而言,VCD文件的大小可能达到数百兆字节),因而只能选择那些需要检查的信号进行转储,注意到这一点是很重要的。

4.6.5　系统任务 $monitor

格式如下:

$monitor (p1,p2,…,pn);

$monitor;

$monitoron;

$monitoroff;

任务 $monitor 提供了监控和输出参数列表中的表达式或变量值的功能。其参数列表中输出控制格式字符串和输出列表的规则与 $display 中的一样。当启动一个带有一个或多个参数的 $monitor 任务时,仿真器则建立一个处理机制,使得每当参数列表中变量或表达式的值发生变化时,整个参数列表中变量或表达式的值都将输出显示。如果同一时刻,两个或多个参数的值发生变化,则在该时刻只输出显示一次。但在 $monitor 中,参数可以是 $time 系统函数。这样参数列表中变量或表达式的值同时发生变化的时刻,可以通过标明同一时刻的多行输出来显示。例如:

$monitor($time,,"rxd=%b txd=%b",rxd,txd);

在 $display 中也可以这样使用。注意在上面的语句中,",,"代表一个空参数。空参数在输出时显示为空格。

$monitoron 和 $monitoroff 任务的作用是通过打开和关闭监控标志来控制监控任务 $monitor 的启动和停止,这样使得程序员可以很容易地控制 $monitor 何时发生。其中 $monitoroff 任务用于关闭监控标志,停止监控任务 $monitor; $monitoron 则用于打开监控标志,启动监控任务 $monitor。通常在通过调用 $monitoron 启动 $monitor 时,不管 $monitor 参数列表中的值是否发生变化,总是立刻输出显示当前时刻参数列表中的值,这用于在监控的初始时刻设定初始比较值。在缺省情况下,控制标志在仿真的起始时刻就已经打开了。在多模块调试的情况下,许多模块中都调用 $monitor,因为任何时刻只能有一个 $monitor 起作用,因此须配合 $monitoron 与 $monitoroff 使用,把需要监视的模块用 $monitoron 打开,在

监视完毕后及时用 $monitoroff 关闭，以便把 $monitor 让给其他模块使用。$monitor 与 $display 的不同处还在于，$monitor 往往在 initial 块中调用，只要不调用 $monitoroff，$monitor 便不间断地对所设定的信号进行监视。

4.6.6　系统任务 $strobe

选通显示(strobing)由关键字为 $strobe 的系统任务完成。这个任务与 $display 任务除了一点小差异外，其他非常相似。如果许多其他语句与 $display 任务在同一个时间单位执行，那么这些语句与 $display 任务的执行顺序是不确定的。如果使用 $strobe，该语句总是在同时刻的其他赋值语句执行完成之后才执行。因此，$strobe 提供了一种同步机制，它可以确保所有在同一时钟沿赋值的其他语句在执行完毕之后才显示数据。选通显示举例如程序清单 4.66 所示。

程序清单 4.66　选通显示举例

```
always @ (posedge clock)
begin
    a=b;
    c=d;
end
always @ (posedge clock)
    $strobe ("Displaying a=%b,c=% b",a,c);          //显示正跳变沿时刻的值
```

在程序清单 4.66 中，时钟上升沿的值在语句 $a=b$ 和 $c=d$ 执行完之后才显示。如果使用 $display，可能在语句 $a=b$ 和 $c=d$ 之前执行，结果显示不同的值。

4.6.7　系统任务 $time

在 Verilog HDL 中有两种类型的时间系统任务：$time 和 $realtime。用这两个时间系统任务可以得到当前的仿真时刻。

1. 系统任务 $time

$time 可以返回一个 64 位的整数来表示的当前仿真时刻值。该时刻是以模块的仿真时间尺度为基准的，程序清单 4.67 举例说明。

程序清单 4.67　$time 举例

```
`timescale   10ns/1ns
module    test;
reg   set;
parameter    p=1.6;
initial
begin
        $monitor( $time,,"set=",set);
        #p set=0;
        #p set=1;
    end
endmodule
```

输出结果为：

```
0 set=x
2 set=0
3 set=1
```

在程序清单 4.67 中，模块 test 想在时刻为 16 ns 时设置寄存器 set 为 0，在时刻为 32 ns 时设置寄存器 set 为 1。但是由 $time 记录的 set 变化时刻却与预想的不一样。这是由下面两个原因引起的：

① $time 显示时刻受时间尺度比例的影响。在程序清单 4.67 中，时间尺度是 10 ns，因为 $time 输出的时刻总是时间尺度的倍数，这样将 16 ns 和 32 ns 输出为 1.6 和 3.2。

② 因为 $time 总是输出整数，所以在将经过尺度比例变换的数字输出时，要先进行取整。在程序清单 4.67 中，1.6 和 3.2 经取整后为 2 和 3 输出。

　　注：时间的精确度并不影响数字的取整。

2. 系统任务 $realtime

$realtime 和 $time 的作用相同，只是 $realtime 返回的时间数字是一个实型数，该数字也是以时间尺度为基准的。程序清单 4.68 举例说明。

程序清单 4.68　　$realtime 举例

```
`timescale 10ns/1ns
module test;
reg set;
parameter   p=1.55;
initial
    begin
        $monitor( $realtime,,"set=",set);
        #p set=0;
        #p set=1;
    end
endmodule
```

输出结果为：

```
0 set=x
1.6 set=0
3.2 set=1
```

从程序清单 4.68 可以看出，$realtime 将仿真时刻经过尺度变换以后即输出，不需进行取整操作。因此，$realtime 返回的时刻是实型数。

4.6.8　系统任务 $finish

格式如下：

$finish；

$ finish(n);

系统任务 $ finish 的作用是退出仿真器,返回主操作系统,也就是结束仿真过程。任务 $ finish 可以带参数,根据参数的值输出不同的特征信息。如果不带参数,默认 $ finish 的参数值为 1。下面给出了对于不同的参数值,系统输出的特征信息:

0　不输出任何信息;

1　输出当前仿真时刻和位置;

2　输出当前仿真时刻、位置和在仿真过程中所用 memory 及 CPU 时间的统计。

4.6.9　系统任务 $ stop

格式如下:

$ stop;

$ stop(n);

$ stop 任务的作用是把 EDA 工具(例如仿真器)置成暂停模式,在仿真环境下给出一个交互式的命令提示符,将控制权交给用户。这个任务可以带有参数表达式。根据参数值(0、1 或 2)的不同,输出不同的信息。参数值越大,输出的信息越多。

4.6.10　系统任务 $ readmemb 和 $ readmemh

在 Verilog HDL 程序中有两个系统任务 $ readmemb 和 $ readmemh,用来从文件中读取数据到存储器中。这两个系统任务可以在仿真的任何时刻被执行使用,其使用格式共有以下 6 种:

① $ readmemb("<数据文件名>",<存储器名>);

② $ readmemb("<数据文件名>",<存储器名>,<起始地址>);

③ $ readmemb("<数据文件名>",<存储器名>,<起始地址>,<结束地址>);

④ $ readmemh("<数据文件名>",<存储器名>);

⑤ $ readmemh("<数据文件名>",<存储器名>,<起始地址>);

⑥ $ readmemh("<数据文件名>",<存储器名>,<起始地址>,<结束地址>);

在这两个系统任务中,被读取的数据文件的内容只能包含:空白位置(空格、换行、制表格 (tab)),注释行(注释符号为"//"形式和"/ * … * /"形式都允许),二进制或十六进制的数字。数字中不能包含位宽说明和格式说明。对于 $ readmemb 系统任务,每个数字必须是二进制数字;对于 $ readmemh 系统任务,每个数字必须是十六进制数字。数字中不定值 x 或 X、高阻值 z 或 Z 以及下划线(_)的使用方法及代表的意义,与一般 Verilog HDL 程序中的用法及意义相同。另外,数字必须用空白位置或注释行来分隔开。

在下面的讨论中,地址一词指对存储器(memory)建模的数组的寻址指针。当数据文件被读取时,每一个读取的数字都存放到地址连续的存储器单元中。存储器单元的存放地址范围由系统任务声明语句中的起始地址和结束地址来说明,每个数据的存放地址在数据文件中进行说明。当地址出现在数据文件中时,其格式为字符"@"后跟上十六进制数,如@hh…h。

在这个十六进制的地址数中,允许大写和小写的数字。在字符"@"和数字之间不允许存在空白位置。可以在数据文件里出现多个地址。当系统任务遇到一个地址说明时,系统任务将该地址后的数据存放到存储器中相应的地址单元中。程序清单 4.69 说明了如何初始化存储器。

程序清单 4.69　初始化存储器

```
module test;
reg[7:0]  memory[0:7];                //声明有 8 个 8 位的存储单元
integer i;
initial
begin
    //读取存储器文件 init.dat 到存储器中的给定地址
    $readmemb("init.dat",memory);
    //显示初始化后的存储器内容
    for(i=0; i< 8; i=i + 1)
        $display("Memory [%d]=%b",i,memory[i]);
end
endmodule
```

文件 init.dat 包含初始化数据,用"@<地址>"在数据文件中指定地址,地址以十六进制数说明。数据用空格符分隔,数据可以包含 x 或者 z,未初始化的位置缺省值为 x。名为 init.dat 的样本文件内容如下所示:

```
@002
11111111   01010101
00000000   10101010
@006
1111zzzz   00001111
```

当仿真测试模块时,将得到下面的输出:

```
Memory [0]=xxxxxxxx
Memory [1]=xxxxxxxx
Memory [2]=11111111
Memory [3]=01010101
Memory [4]=00000000
Memory [5]=10101010
Memory [6]=1111zzzz
Memory [7]=00001111
```

对于上面 6 种系统任务格式,补充说明以下 5 点:

① 如果系统任务声明语句中和数据文件里都没有进行地址说明,则缺省的存放起始地址为该存储器定义语句中的起始地址。数据文件里的数据被连续存放到该存储器中,直到该存储器单元存满或数据文件里的数据存完为止。

② 如果系统任务中说明了存放的起始地址,没有说明存放的结束地址,则数据从说明的起始地址开始存放,存放到该存储器定义语句中的结束地址为止。

③ 如果在系统任务声明语句中,对起始地址和结束地址都进行了说明,则数据文件里的数据从说明的起始地址开始存放到存储器单元中,存放到说明的结束地址为止,而不考虑该存

储器定义语句中的起始地址和结束地址。

④ 如果在系统任务和数据文件里对地址信息都进行了说明,那么数据文件里的地址必须在系统任务中地址参数声明的范围之内。否则将提示错误信息,并且装载数据到存储器中的操作会被中断。

⑤ 如果数据文件里的数据个数与系统任务中起始地址及结束地址暗示的数据个数不同,也要提示错误信息。

例如:先定义一个有 256 个地址的字节存储器 mem:

```
reg[7:0] mem[1:256];
```

下面给出的系统任务以各自不同的方式装载数据到存储器 mem 中:

```
initial    $ readmemh("mem.data",mem);
initial    $ readmemh("mem.data",mem,16);
initial    $ readmemh("mem.data",mem,128,1);
```

第 1 条语句在仿真时刻为 0 时,将数据装载到以地址是 1 的存储器单元为起始存放单元的存储器中。第 2 条语句将数据装载到以单元地址是 16 的存储器单元为起始存放单元的存储器中,一直装载到地址是 256 的单元为止。第 3 条语句从地址是 128 的单元开始装载数据,一直装载到地址为 1 的单元为止。在第 3 种方式中,当装载完毕,系统要检查在数据文件里是否有 128 个数据,如果没有,系统将提示错误信息。

4.6.11　系统任务 $ random

这个系统任务提供了一个产生随机数的手段。当该任务被调用时返回一个 32 位的随机数。它是一个带符号的整型数。

$ random 一般用法是: $ ramdom % b,其中 $b>0$,它给出了一个范围在 $(-b+1)\sim(b-1)$ 之间的随机数。下面给出一个产生随机数的例子:

```
reg[23:0] rand;
rand= $ random % 60;
```

上面的例子给出了一个范围在 $-59\sim59$ 之间的随机数,下面的例子通过位拼接操作产生一个值在 $0\sim59$ 之间的数。

```
reg[23:0] rand;
rand={ $ random} % 60;
```

利用这个系统任务可以产生随机脉冲序列或宽度随机的脉冲序列,以用于电路的测试。程序清单 4.70 中的 Verilog HDL 模块可以产生宽度随机的脉冲序列的测试信号源,在电路模块的设计仿真时非常有用。读者可以根据测试的需要,灵活使用 $ random 系统任务编制出与实际情况类似的随机脉冲序列,如程序清单 4.70 所示。

程序清单 4.70　 $ random 的使用

```
`timescale 1ns/1ns
module random_pulse(dout);
    output [9:0] dout;
```

```
        reg [9:0] dout;
        integer delay1,delay2,k;
        initial
        begin
        #10 dout=0;
        for (k=0; k< 100; k=k+1)
        begin
            delay1=20 * ({ $ random} % 6);
            //delay1 为 0~100 ns
            delay2=20 * (1 + { $ random} % 3);
            //delay2 为 20~60 ns
            #delay1   dout=1 << ({ $ random} %10);
            //dout 的 0~9 位中随机出现 1,且出现的时间为 0~100 ns
            #delay2   dout=0;
            //脉冲的宽度为 20~60 ns
        end
    end
endmodule
```

4.6.12　编译预处理

Verilog HDL 语言和 C 语言一样也提供了编译预处理的功能。"编译预处理"是 Verilog HDL 编译系统的一个组成部分。Verilog HDL 语言允许在程序中使用几种特殊的命令(它们不是一般的语句)。Verilog HDL 编译系统通常先对这些特殊的命令进行"预处理",然后将预处理的结果与源程序一起再进行通常的编译处理。

在 Verilog HDL 语言中,为了与一般的语句相区别,这些预处理命令以符号"`"开头(位于主键盘左上角,其对应的上键盘字符为"~"。注意这个符号是不同于单引号"'"的)。这些预处理命令的有效作用范围为定义命令之后到本文件结束,或到其他命令定义替代该命令之处。Verilog HDL 提供了以下预编译命令:

`accelerate、`autoexpand_vectornets、`celldefine、`default_nettype、`define、`else、`endc—elldefine、`endif、`endprotect、`endprotected、`expand_vectornets、`ifdef、`include、`noacce—lerate、`noexpand_vectornets、`noremove_gatenames、`noremove_netnames、`nounconnected_d—rive、`protect、`protecte、`remove_gatenames、`remove_netnames、`reset、`timescale、`uncon—nected_drive

在本小节里只对最常用的`define、`include、`timescale 几个预编译命令进行介绍,其余的请读者查阅相关资料。

1. 宏定义`define

用一个指定的标识符(即名字)来代表一个字符串,它的一般形式为:

`define 标识符(宏名) 字符串(宏内容)

例如:

`define signal string

它的作用是指定用标识符 signal 来代替 string 这个字符串。在编译预处理时,把程序中

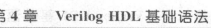

该命令以后所有的 signal 都替换成 string。这种方法使用户能以一个简单的名字代替一个长的字符串,也可以用一个有含义的名字来代替没有含义的数字和符号,因此把这个标识符(名字)称为"宏名"。在编译预处理时,将宏名替换成字符串的过程称为"宏展开"。`define 是宏定义命令。程序清单 4.71 为`define 宏定义举例。

程序清单 4.71　`define 宏定义举例

```
`define    WORDSIZE 8
module
    reg[1:`WORDSIZE]   data;              //这相当于定义 reg[1:8] data;
```

关于宏定义的 8 点说明:

① 宏名可以用大写字母表示,也可以用小写字母表示。建议使用大写字母,以与变量名相区别。

② `define 命令可以出现在模块定义里面,也可以出现在模块定义外面。宏名的有效范围为定义命令之后到原文件结束。通常,`define 命令写在模块定义的外面,作为程序的一部分,在此程序内有效。

③ 在引用已定义的宏名时,必须在宏名的前面加上符号"`",表示该名字是一个经过宏定义的名字。

④ 使用宏名代替一个字符串,可以减少程序中重复书写某些字符串的工作量。而且记住一个宏名要比记住一个无规律的字符串容易,这样在读程序时能立即知道它的含义。当需要改变某一个变量时,可以只改变 `define 命令行,一改全改。如程序清单 4.71 中,先定义WORDSIZE 代表常量 8,这时寄存器 data 是一个 8 位寄存器。如果需要改变寄存器的大小,只需把该命令行改为"define   WORDSIZE 16"。这样寄存器 data 则变为一个 16 位寄存器。由此可见使用宏定义,可以提高程序的可移植性和可读性。

⑤ 宏定义是用宏名代替一个字符串,也就是进行简单的置换,不进行语法检查。预处理时照样代入,不管含义是否正确。若含义不正确,只有在编译被宏展开后的源程序时才会报错。

⑥ 宏定义不是 Verilog HDL 语句,不必在行末加分号。如果加了分号会连分号一起进行置换,如程序清单 4.72 所示。

程序清单 4.72　带分号的宏定义

```
module   test;
    reg   a,b,c,d,e,out;
    `define   expression   a+b+c+d;
    assign out=`expression + e;
      ⋮
endmodule
```

经过宏展开以后,该语句为:

```
assign   out=a+b+c+d;+e;
```

显然出现语法错误。

⑦ 在进行宏定义时,可以引用已定义的宏名,可以层层置换,如程序清单 4.73 所示。

程序清单 4.73　引用已定义的宏名

```
module test;
    reg   a,b,c;
    wire   out;
    `define aa a + b
    `define cc c + `aa
    assign out=`cc;
endmodule
```

这样经过宏展开以后,assign 语句为:

```
assign   out=c + a + b;
```

⑧ 宏名和宏内容必须在同一行中进行声明。如果在宏内容中包含注释行,注释行不会作为被置换的内容,如程序清单 4.74 所示。

程序清单 4.74　注释行不作为宏内容

```
module
    `define typ_nand   nand   #5        //定义一个具有典型延迟的"与非"门
    `typ_nand   g121(q21,n10,n11);
    ⋮
endmodule
```

经过宏展开以后,该语句为:

```
nand #5 g121(q21,n10,n11);
```

宏内容可以是空格,在这种情况下,宏内容被定义为空。当引用这个宏名时,不会有内容被置换。

注意:组成宏内容的字符串不能被以下的语句记号分隔开:

➤ 注释行;
➤ 数字;
➤ 字符串;
➤ 确认符;
➤ 关键词;
➤ 双目和三目字符运算符。

如下面的宏定义声明和引用是非法的。

```
`define   first_half   "start of string
$ display (`first_half end of string");
```

在使用宏定义时要注意以下情况:

① 对于某些 EDA 软件,在编写源程序时,若使用与预处理命令名相同的宏名会发生冲突,因此建议不要使用与预处理命令名相同的宏名。

② 宏名可以是普通的标识符(变量名)。例如 signal_name 和 `signal_name 的意义是不同

的。但是这样容易引起混淆,建议不要这样使用。

2. 文件包含处理include

所谓"文件包含"是指,一个源文件将另外一个源文件的全部内容包含进来,即将另外的文件包含到本文件之中。Verilog HDL 语言提供了`include 命令用来实现文件包含的操作。其一般形式为:

`include "文件名"

图 4.10 表示文件包含的含意。图 4.10(a)为文件 file1. v,它有一个"`include "file2. v""命令,然后还有其他的内容(以 A 表示);图 4.10(b)为另一个文件 file2. v,文件的内容以 B 表示。在编译预处理时,要对include 命令进行文件包含预处理:将 file2. v 的全部内容复制插入到"`include "file2. v""命令出现的地方,即 file2. v 被包含到 file1. v 中,得到如图 4.10(c)所示的结果。在接着往下进行的编译中,将"包含"以后的 file1. v 作为一个源文件单位进行编译。

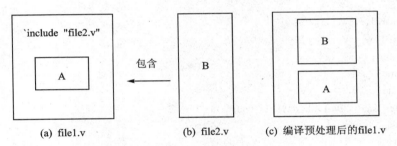

(a) file1.v　　　　　(b) file2.v　　(c) 编译预处理后的file1.v

图 4.10　文件包含示意图

文件包含命令是很有用的,它可以节省程序设计人员的重复劳动。文件包含命令可以将一些常用的宏定义命令或任务(task)组成一个文件,然后用`include 命令将这些宏定义包含到自己所写的源文件中,相当于工业上的标准元件拿来使用。另外在编写 Verilog HDL 源文件时,一个源文件可能经常要用到另外几个源文件中的模块,遇到这种情况即可用`include 命令将所需模块的源文件包含进来。两个文件包含举例如程序清单 4.75 和 4.76 所示。

程序清单 4.75　文件包含举例一

```
//(1)文件 aaa. v
module aaa(a,b,out);
    input a,b;
    output out;
    wire out;
        assign  out=a ^ b;
endmodule
//(2)文件 bbb. v
`include  "aaa. v"
module  bbb(c,d,e,out);
input  c,d,e;
output  out;
wire  out_a;
```

```
wire   out;
      aaa   aaa(.a(c),.b(d),.out(out_a));
      assign   out=e & out_a;
endmodule
```

在程序清单 4.75 中,文件 bbb.v 用到了文件 aaa.v 中模块 aaa 的实例器件,通过文件包含处理来调用之。模块 aaa 实际上是作为模块 bbb 的子模块来调用的。在经过编译预处理后,文件 bbb.v 实际相当于程序清单 4.76 中的文件 bbb.v。

程序清单 4.76　文件包含举例二

```
module aaa(a,b,out);
    input a,b;
    output out;
    wire out;
        assign out=a ^ b;
    endmodule
module bbb(c,d,e,out);
    input c,d,e;
    output out;
    wire out_a;
    wire out;
        aaa   aaa (.a(c),.b(d),.out (out_a));
        assign out=e & out_a;
endmodule
```

关于文件包含处理的 5 点说明如下:

① 一个 `include 命令只能指定一个被包含的文件,如果要包含 $n$ 个文件,要用 $n$ 个 `include 命令。注意下面的写法是非法的:

```
`include"aaa. v" "bbb. v"
```

② `include 命令可以出现在 Verilog HDL 源程序的任何地方,被包含文件名可以是相对路径名,也可以是绝对路径名,如"`include "parts/count. v""。

③ 可以将多个 `include 命令写在一行,在 `include 命令行,可以出现空格和注释行。例如下面的写法是合法的。

```
`include "fileB" `include "fileC"               //包含 fileB 和 fileC
```

④ 如果文件 1 包含文件 2,而文件 2 要用到文件 3 的内容,则可以在文件 1 用两个 `include 命令分别包含文件 2 和文件 3,而且文件 3 应出现在文件 2 之前。例如在程序清单 4.77 的例子中,即在 file1.v 中定义。

程序清单 4.77　文件包含的调用层次

```
`include"file3. v"
`include"file2. v"

module test(a,b,out);
    input[1:size2]   a,b;
```

```
        output[1:`size2] out;
        wire[1:`size2] out;
            assign   out＝a ＋ b;
endmodule
//file2.v 的内容为：
`define size2   `size1＋1
    ⋮
//file3.v 的内容为：
`define size1   4
    ⋮
```

这样，file1.v 和 file2.v 都可以用到 file3.v 的内容。在 file2.v 中不必再用"`include
"file3.v""了。

⑤ 在一个被包含文件中又可以包含另一个被包含文件，即文件包含是可以嵌套的。例如
上面的问题也可以这样处理，如图 4.11 所示。

file1.v　　　　　　　file2.v　　　　　　　file3.v

`include file2.v　　　`include file3.v　　　（不包含`include命令）

图 4.11　文件的嵌套包含（一）

图 4.12 的作用与图 4.11 的作用是相同的。

file1.v　　　　　　　file2.v　　　　　　　file3.v

`include file3.v　　　（不包含`include命令）　　　（不包含`include命令）
`include file2.v

图 4.12　文件的嵌套包含（二）

许多 Verilog HDL 编译器支持多模块编译，也就是说，只要把需要用`include 包含的所有
文件都放置在一个项目中，建立存放编译结果的库，用模块名就可以把所有有关的模块联系在
一起，此时在程序模块中就不必使用 `include 编译预处理指令。

3. 时间尺度timescale

`timescale 命令用来说明跟在该命令后模块的时间单位和时间精度。使用`timescale 命令
可以在同一个设计里包含采用了不同的时间单位的模块。例如，一个设计中包含两个模块，其
中一个模块的时间延迟单位为 ns，另一个模块的时间延迟单位为 ps，EDA 工具仍然可以对这
个设计进行仿真测试。

`timescale 命令的格式如下：

`timescale＜时间单位＞/＜时间精度＞

在这条命令中，时间单位参量用来定义模块中仿真时间和延迟时间的基准单位。时间精度参量用来声明该模块的仿真时间的精确程度，该参量用来对延迟时间值进行取整操作（仿真前），因此该参量又可以称为取整精度。如果在同一个程序设计里，存在多个`timescale 命令，则用最小的时间精度值来决定仿真的时间单位。另外，时间精度至少要与时间单位一样精确，时间精度值不能大于时间单位值。

在`timescale 命令中，用于说明时间单位和时间精度参量值的数字必须是整数，其有效数字为 1、10、100，单位为 s（秒）、ms（毫秒）、μs（微秒）、ns（纳秒）、ps（皮秒）、fs（毫皮秒）。

下面举例说明`timescale 命令的用法。

`timescale 1ns/1ps：在这个命令之后，模块中所有的时间值都表示为 1 ns 的整数倍。这是因为在`timescale 命令中，定义了时间单位是 1 ns。模块中的延迟时间可表达为带 3 位小数的实型数，因为 `timescale 命令定义时间精度为 1 ps。

`timescale 10us/100ns：在这个命令定义后，模块中时间值均为 10 μs 的整数倍，因为 `timesacle 命令定义的时间单位是 10 μs。延迟时间的最小分辨度为 1/10 μs（100 ns），即延迟时间可表达为带一位小数的实型数。

程序清单 4.78 为`timescale 举例。

程序清单 4.78　`timescale 举例

```
`timescale 10ns/1ns
module   test;
    reg set;
    parameter   d=1.55;
    initial
    begin
        #d set=0;
        #d set=1;
    end
endmodule
```

在程序清单 4.78 中，`timescale 命令定义了模块 test 的时间单位为 10 ns、时间精度为 1 ns。因此，在模块 test 中，所有的时间值应为 10 ns 的整数倍，且以 1 ns 为时间精度。这样经过取整操作，存在参数 d 中的延迟时间实际是 16 ns（即 1.6×10 ns）。这意味着在仿真时刻为 16 ns 时寄存器 set 被赋值 0，在仿真时刻为 32 ns 时寄存器 set 被赋值 1。仿真时刻值是按照以下的步骤来计算的。

① 根据时间精度，参数 d 值从 1.55 取整为 1.6；

② 因为时间单位是 10 ns，时间精度是 1 ns，所以延迟时间 #d 作为时间单位的整数倍为 16 ns；

③ EDA 工具预定在仿真时刻为 16 ns 时给寄存器 set 赋值 0（即语句"#d set=0;"执行时刻），在仿真时刻为 32 ns 时给寄存器 set 赋值 1（即语句"#d set=1;"执行时刻）。

注意： 如果在同一个设计里，多个模块中用到的时间单位不同，则需要用到以下时间结构：

➤ 用`timescale 命令来声明本模块中所用到的时间单位和时间精度；

➤ 用系统任务 $ printtimescale 来输出显示一个模块的时间单位和时间精度；

➤ 用系统函数 $ time 和 $ realtime 及格式声明%t 来输出显示 EDA 工具记录的时间信息。

---

4. 条件编译指令`ifdef、`else、`endif

一般情况下，Verilog HDL 源程序中所有的行都将参加编译。但是有时希望对其中的一部分内容只有在满足条件时才进行编译，也就是对一部分内容指定编译的条件，这就是"条件编译"。有时，希望当条件满足时对一组语句进行编译，而当条件不满足时则编译另一组语句。

条件编译命令有以下两种形式：

(1) 形式一

`ifdef 宏名（标识符）

　程序段 1

`else

　程序段 2

`endif

它的作用是若宏名已经被定义过（用`define 命令定义），则编译程序段 1，程序段 2 被忽略；否则编译程序段 2，程序段 1 被忽略。在形式二中，没有 else 部分。

(2) 形式二

`ifdef 宏名（标识符）

　程序段 1

`endif

这里的"宏名"是一个 Verilog HDL 的标识符，"程序段"可以是 Verilog HDL 语句组，也可以是命令行。这些命令可以出现在源程序的任何地方。

注意： 被忽略掉不进行编译的程序段部分也要符合 Verilog HDL 程序的语法规则。

通常在 Verilog HDL 程序中用到`ifdef、`else、`endif 编译命令的情况有以下几种：

① 选择一个模块的不同代表部分；

② 选择不同的时序或结构信息；

③ 对不同的 EDA 工具，选择不同的激励。

最常用的情况是：Verilog HDL 代码中的一部分可能适用于某个编译环境，但不适用于另一个环境。若设计者不想为两个环境创建两个不同版本的 Verilog HDL 设计，还有一种方法就是所谓的条件编译，即设计者在代码中指定其中某一部分代码只有在设置了特定的标志后，才能被编译。

设计者也可能希望在程序的运行中，只有当设置了某个标志后，才能执行 Verilog HDL

设计的某些部分。这就是所谓的条件执行。

条件编译可以用编译指令`ifdef、`ifndef、`else、`elsif 和`endif 实现。程序清单 4.79 中包含一段能进行条件编译的 Verilog HDL 源代码。

程序清单 4.79   条件编译

```
`ifdef    TEST                      //若设置 TEST 标志,则编译 test 模块
module test;
    initial
        $ display("Module %m compiled");
endmodule
`else                               //在缺省情况下,则编译 stimulus 模块
module stimulus;
    initial
        $ display("Module %m compiled");
endmodule
`endif                              //`ifdef 语句的结束

module top;
bus_master b1();                    //无条件地调用模块
`ifdef ADD_B2
    bus_master b2();                //若定义了 ADD_B2 文本宏标志,则有条件地调用 b2
`ifdef ADD_B3
    bus_master b3();                //若定义了 ADD_B3 文本宏标志,则有条件地调用 b3
`else
    bus_master b4();                //在缺省情况下,则有条件地调用 b4
`endif
`ifndef    IGNORE_B5
    bus_master b5();                //若没有定义 IGNORE_B5 文本宏标志,则有条件地调用 b5
endmodule
```

`ifdef 和`ifndef 指令可以出现在设计的任何地方。设计者可以有条件地编译语句、模块、语句块、声明和其他编译指令。`else 指令是可选的。一个`else 指令最多可以匹配一个`ifdef 或者`ifndef。一个`ifdef 或者`ifndef 可以匹配任意数量的`elsif 命令。`ifdef 或`ifndef 总是用相应的`endif 来结束。

Verilog HDL 文件中,条件编译标志可以用`define 语句设置。在上例中,可以通过在编译时用`define 语句定义文本宏 TEST 和 ADD_B2 的方式定义标志。如果没有设置条件编译标志,那么 Verilog HDL 编译器会简单地跳过该部分。`ifdef 语句中不允许使用布尔表达式,例如使用 TEST && ADD_B2 来表示编译条件是不允许的。

4.6.13   其他系统任务

Verilog HDL 语言中还有以下一些常用的系统任务:

$ bitstoreal	$ rtoi	$ setup	$ finish
$ skew	$ hold	$ setuphold	$ itor
$ period	$ time	$ printtimescale	$ timefoemat

$ realtime　　　　　$ width　　　　　$ realtobits　　　　　　　$ recovery

在 Verilog HDL 语言中,每个系统任务前面都用一个标识符"$"来加以确认。这些系统任务提供了非常强大的功能。

4.6.14　小　结

在本节中我们学习了 Verilog HDL 语法中几种最常用的调试和查错的系统任务,以及编写实用模块时常用的编译预处理语句。这些语句是非常有用的,可以说是调试模块所必需的。必须掌握它们才能够设计有用的逻辑电路系统。需要注意以下几点:

① 在多模块调试的情况下, $ monitor 须配合 $ monitoron 与 $ monitoroff 使用。

② $ monitor 与 $ display 的不同之处在于, $ monitor 是连续监视数据的变化,因而往往只要在测试模块的 initial 块中调用一次,就可以监视被测试模块的所有感兴趣的信号,不需要也不能在 always 过程块中调用 $ monitor。

③ $ time 常用在 $ monitor 中,用来做时间标记。

④ $ stop 和 $ finish 常用在测试模块的 initial 模块中,配合时间延迟,用来控制仿真的持续时间。

⑤ $ random 在编写测试程序时是非常有用的,可以用来产生边沿不稳定的波形和随机出现的脉冲。正确地使用它能有效地发现实际设计中存在的问题。

⑥ $ readmem 在编写测试程序时也是非常有用的,可以用来生成给定的复杂数据流。复杂数据可以用 C 语言产生,存在文件中。用 $ readmem 取出存入存储器,再按节拍输出,这在验证算法逻辑电路时特别有用。

⑦ 在用`timescale 时需要注意的是,当多个带不同`timescale 定义的模块包含在一起时,只有最后一个才起作用,因此属于一个项目。但`timescale 定义不同的多个模块最好分开编译,不要包含在一起编译,以免把时间单位搞混。

⑧ 当宏定义字符串引用时,不要忘记要用" "引导。这与 C 语言不同。C 语言直接引用就行,但 Verilog HDL 必须用" "引导。

⑨ include 等编译预处理也必须用" "引导,而不是与 C 语言一样,用"♯"引导或不需要引导符。

⑩ 合理地使用条件编译的预处理,可以使测试程序适应不同的编译环境,也可以把不同的测试过程编写到一个统一的测试程序中,以简化测试的过程,这对于复杂设计验证模块的编写很有实用价值。

在学习中要注意这些语句的含义、使用场合及其在程序模块中的位置,有意识地把这些系统任务与测试模块的编写联系起来。只有深入理解了有关语法的实质,才能在设计中准确地应用。

第 5 章

常用 IP 设计

📚 本章导读

前面几章介绍了 FPGA 相关的基础知识,从本章开始进入实战练习。我们将从最基本的 IP 设计开始,从原理到代码实现,详细介绍常用 IP 的设计方法。这些常用 IP 不仅可以单独使用,定制为一个专用芯片,而且也可以作为 MCU 的外设使用,定制为用户专用的 MCU。因此,学会 FPGA 的 IP 设计方法,有助于理解 FPGA 与 IC 设计之间的关系,更深刻地理解 FPGA 所能应用的范围。

IP(Intellectual Property)就是通常所说的知识产权。FPGA 设计中的 IP 指的是将一些在设计中常用,但比较复杂的功能块,如 FIR 滤波器、SDRAM 控制器、PCI 接口等设计成可参数修改的模块,用户可以直接调用这些模块进行设计。IP 的重用可以大大缩短产品的设计周期,加快产品上市的速度,还可以降低产品开发的难度和成本、提高产品的性能。因此,使用 IP 是电子设计的一种发展趋势。根据 IP 最终交付给用户的方式不同,形成了 3 类 IP 核:软核、固核和硬核。

软核是用 Verilog HDL 等硬件描述语言描述的功能模块,它并不涉及用什么具体电路元件实现这些功能。软核的设计周期在 3 类 IP 核当中是最短的,同时设计投入也是最少的。因为软核不涉及最终实现的物理硬件,所以它给用户提供了很大的发展空间,给 IP 的应用增加了更多的灵活性和适应性,同时,软核的复用性最好。但是,正是因为软核没有涉及实现的物理硬件,在应用的后续工作中可能需要对其进行一定的修正,在性能上软核也没有得到充分的优化。

硬核提供给用户的是设计最终阶段的产品——掩膜,以经过完全的布局布线的网表形式提供。这种硬核既具有可预见性,同时还可以针对特定工艺或购买商的需求进行功耗和尺寸上的优化。尽管硬核由于缺乏灵活性而导致可移植性差,但由于无须提供寄存器传输级(RTL)文件,因而更易于实现 IP 保护。

固核则是软核和硬核的折中,以网表的形式提供。对于那些对时序要求严格的内核(如 PCI 接口内核),可以预布线特定信号或分配特定的布线资源,以满足时序要求。这些内核可归类为固核。

近年来电路实现工艺技术的发展相当迅速,为了积累逻辑电路设计成果,以及更好、更快地设计更大规模的电路,发展软核的设计和推广软核的重用技术是非常有必要的。

5.1　基于 MCU 的 IP 设计

　　为了更好地理解 IP 设计的概念,我们从 MCU 的内部结构来解析如何用 FPGA 实现相关 IP。8051 单片计算机(简称单片机)是 Intel 公司在 20 世纪 70 年代开发的第一个单片机型号,后来各大半导体公司陆续推出了多种兼容 80C51 的单片机,统称 80C51 系列单片机。

　　图 5.1 是一款普通 8051 MCU 结构框图,采用 DIP 封装,具有 40 个引脚,其内部由 8051 CPU 内核和多个片内外设(如 UART、SPI、I²C、PWM、Timer 等)组成。不同的器件其片内外设有所不同。

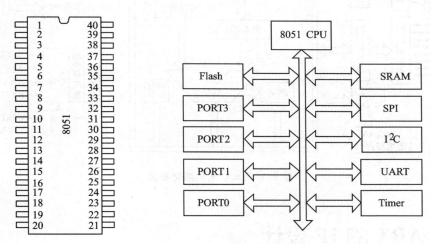

图 5.1　8051 MCU 结构框图

　　进一步将图 5.1 内部的主要部件细化,如图 5.2 所示。其中,CPU 部分包括控制器、运算器、寄存器等部件。

　　图 5.2 中绝大部分部件都属于时序逻辑和组合逻辑,如锁存器、程序计数器、译码器等。这些功能的实现都是 FPGA 的强项,都可以很容易通过 FPGA 的设计语言 Verilog HDL 来实现。同时,可以将 UART、SPI、I²C 等片内外设都看做一个独立软 IP,单独设计,然后根据实际需要,通过内部总线有选择地将这些 IP 连接到处理器 CPU 上;而 CPU 也可以作为一个 IP 设计,从而实现用户可自定义的单片机。

　　下面主要介绍 MCU 一些常用外设(包括 UART、SPI 和 I²C)的设计,将其固化为一个软 IP。通过这些练习,可以帮助读者了解一个完整 IP 的设计过程。

　　这些 IP 可以单独使用,也可以作为 CPU 的外设使用。CPU 的设计相对复杂,由于篇幅所限,我们在此不多进行介绍,将在本书配套电子文档中介绍,作为实验例程。当然,有兴趣的读者也可以自行设计。

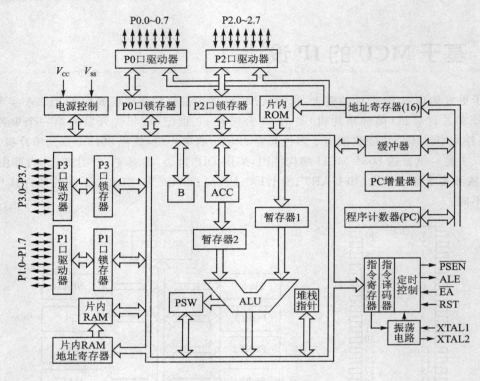

图 5.2　MCU 结构细化框图

5.2　UART 的 IP 设计

5.2.1　UART 协议介绍

1. 串口通信简介

在数据通信、计算机网络以及分布式工业系统控制中,经常采用串行通信来交换数据和信息。1969 年,美国电子工业协会(EIA)将 RS-232C(简称 RS-232)定义为串行通信接口的电气标准。该标准定义了数据终端设备(DTE)和数据通信设备(DCE)间按位串行传输的接口信息,合理安排了接口的电气信号和机械要求,适合于数据传输速率在 0～20 000 bps 范围内的通信。RS-232 传输距离可达 15 m,只需要 3 根线就可以实现双向通信。

除了 RS-232,EIA 还制定了 RS-422 与 RS-485 标准。RS-422 定义了一种平衡通信接口,将传输速率提高到 10 Mbps,传输距离延长到 1 200 m,并允许在一对平衡总线上最多连接 10 个接收器。RS-422 是一种单机发送、多机接收的单向、平衡传输规范。为了扩展应用范围,EIA 又于 1983 年在 RS-422 基础上制定了 RS-485 标准,增加了多点、双向通信能力,即允许多个发送器连接到同一条总线上,还增加了发送器的驱动能力和冲突保护特性,扩展了总线共模的范围。RS-232、RS-422 与 RS-485 的电气参数如表 5.1 所列。

表 5.1　RS‑232、RS‑422 与 RS‑485 的电气参数表

规　　定	RS‑232	RS‑422	RS‑485
工作方式	单　端	差　分	差　分
节点数	1收1发	1发10收	1发32收
最大传输距离/m	15	1 200	1 200
最大传输速率	20 kbps	10 Mbps	10 Mbps
最大驱动输出电压/V	±25	−0.25～+6	−7～+12
驱动器输出信号电平(负载最小值)/V	−5～−15 +5～+15	±2.0	±1.5
驱动器输出信号电平(空载最大值)/V	±25	±6	±6
驱动器负载阻抗/Ω	3 000～7 000	100	54
摆率(最大值)/(V·μs^{-1})	30	无定义	无定义
接收器输入电压范围/V	±15	±10	−7～+12
接收器输入门限/V	±3 000	±200	±200
接收器输入电阻/kΩ	3～7	4(最小)	≥12
驱动器共模电压/V	—	±3	−1～+3
接收器共模电压/V		±7	−7～+12

2. RS‑232 协议

常见的 RS‑232 连接器主要有两种：一种是 25 针的 DB‑25，另一种是 9 针的 DB‑9。目前 DB‑9 使用得较多，它的针功能描述如表 5.2 所列。最为简单且常用的 RS‑232 连接方法是 3 线连接法，即地、接收数据和发送数据 3 线相连，也就是只使用 DB‑9 中的 2、3、5 这 3 根线就可以进行串口通信。

表 5.2　DB‑9 针功能描述

针　号	功　　能	缩　写	针　号	功　　能	缩　写
1	数据载波检测	DCD	6	数据设备准备好	DSR
2	接收数据	RXD	7	请求发送	RTS
3	发送数据	TXD	8	清除发送	CTS
4	数据终端准备	DTR	9	振铃指示	RI
5	信号地	GND			

在电气特性方面，标准的 RS‑232 接口是这样规定的：RXD 和 TXD 传输逻辑 1 对应的电平是−15～−3 V，传输逻辑 0 对应的电平是+3～+15 V。由于 RS‑232 电气特性规定的电平不符合通常电路中所使用的 TTL 或 CMOS 电平，因此在接入电路之前需要对其进行转换。常用的转换芯片有 Sipex232 和 MAX232 等，其具体的功能请参考相关数据手册。

3. UART

实现串口通信主要完成两方面工作：一是要将串口的电平转换为设备电路板的工作电

平,即实现 RS-232 电平和 TTL/CMOS 电平的转换,这部分工作由转换芯片来完成;二是需要接收并且校验串行数据,将其转换成并行数据后提供给处理器处理,这部分由 UART 来完成。

　　UART(Universal Asynchronous Receiver/Transmitter)即通用异步收发传送器,包含 RS-232、RS-422、RS-485 等接口标准规范和总线标准规范。这些标准规范属于通信网络中物理层的概念,与通信协议没有直接关系。

　　异步串行通信协议的工作原理是将传输数据的每个字符一位接一位地传输。之所以称其为异步的,是因为它在传输数据时,不需要同时传送时钟。图 5.3 给出了 UART 的工作模式。

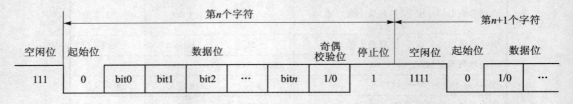

图 5.3　UART 串行数据传输的格式

图 5.3 中各位的意义如下:

➤ 起始位:发出一逻辑 0 信号,表示传输字符开始;

➤ 数据位:数据位紧接在起始位之后,数据的个数可以是 5、6、7、8 等,构成一个字符,通常采用 ASCII 码,从最低位开始传送,靠时钟定位;

➤ 奇偶校验位:数据位加上这一位后,使得 1 的个数应该为偶数(偶校验)或奇数(奇校验),以此来校验数据的正确性;

➤ 停止位:为一个字符数据的结束标志,可以是 1 位、1.5 位、2 位的高电平;

➤ 空闲位:处于逻辑 1 状态,表示当前线路上没有数据传输。

5.2.2　UART 应用举例

　　16C550 工业标准的 UART 结构框图如图 5.4 所示。对其主要的功能模块介绍如下:

➤ UART 接收模块:监视串行输入线 RX 的有效输入,RSR(接收移位寄存器)通过 RX 接收有效的字符。当 RSR 接收到一个有效字符时,它将该字符传送到 RBR(缓存寄存器 FIFO)中,等待 CPU 或主机接口进行访问。

➤ UART 发送模块:接收 CPU 或主机写入的数据,并将数据缓存到 THR(保持寄存器 FIFO)中,TSR(移位寄存器)读取 THR 中的数据,并将数据通过串行输出引脚 TX 发送。

➤ UART 波特率发生器模块 BRG:产生发送模块所使用的时钟。BRG 时钟源为系统时钟。主时钟频率与 DLL 和 DLM 寄存器所定义的时钟频率相除,等于发送模块使用的时钟频率。该时钟为 16 倍过采样时钟 NBAUDOUT。

➤ 中断接口:包含寄存器 IER 和 IIR。中断接口接收几个由发送模块和接收模块发出的单时钟宽度的使能信号。

➤ LSR 和 LCR 寄存器:UART 发送模块和接收模块的状态信息保存在 LSR 寄存器中,控制信息保存在 LCR 寄存器中。

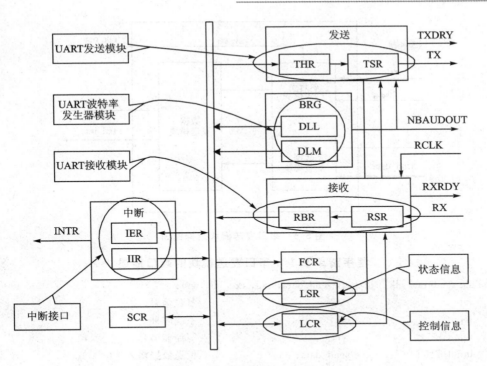

图 5.4　UART 的结构框图

5.2.3　具体实现

UART 的应用非常广泛,本 IP 设计使用的 UART 是 16C550 工业的简化版。为方便读者理解,本 IP 设计主要实现基本的发送和接收功能,读者可根据实际的需求将该 IP 连接到 CPU 上作为外设,也可以单独使用。

1. 串口发送模块

(1) 串口发送模块框图

如图 5.5 所示为串口发送模块的结构框图。串口发送模块分为 3 个小模块,分别为波特率产生模块、数据加载模块和数据发送模块。

① 波特率产生模块:根据系统 48 MHz 的时钟,产生相应的波特率时钟。

② 数据加载模块:根据写使能信号 wr 将发送数据 send_data 加载到发送缓冲区中。

③ 数据发送模块:根据波特率时钟,按照 UART 协议将发送缓冲区的数据输出。

(2) 串口发送模块的端口描述

如程序清单 5.1 所示,串口发送模块端口包括基本的信号,有复位信号 rst、系统时钟 clk、波特率时钟 clk_out、写使能信号 wr、发送数据输入 send_data、串口发送端口 txd 和串口发送中断 txd_int。其中模块端口还定义了分频参数 CLK_DIV,用于波特率产生模块中。

需要说明的是,由于串口波特率为 9 600 bps,并且输入的系统时钟频率为 48 MHz,因此分频参数 CLK_DIV＝48 000 000/9 600＝5 000。

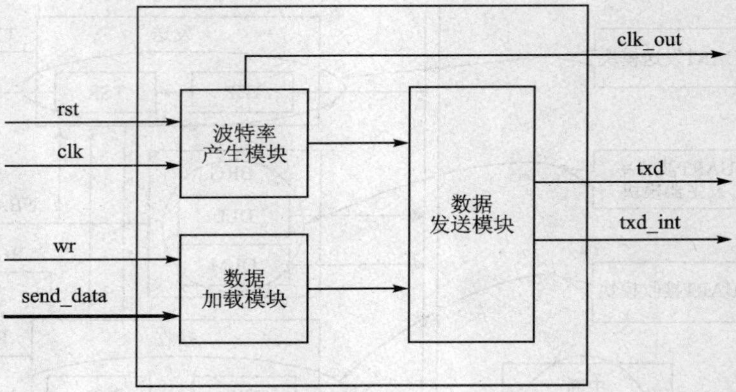

图 5.5 串口发送模块结构框图

程序清单 5.1 串口发送模块的端口描述

```
module send(rst, clk, clk_out, send_data, txd, txd_int, wr);
    input              rst;              //复位信号
    input              clk;              //系统时钟
    input              wr;               //写使能信号
    input[7:0]         send_data;        //发送数据输入
    output             clk_out;          //波特率时钟
    output             txd;              //串口发送端口
    output             txd_int;          //串口发送中断
    parameter          CLK_DIV=5000;     //分频参数：根据具体的时钟来设定分频参数
                                         //48 MHz 时钟，波特率选择 9 600 bps，
                                         //所以分频参数为 48 000 000/9 600＝5 000
    //模块 1
    // ⋮
    //模块 n
endmodule
```

(3) 波特率产生模块

波特率产生模块实际上就是一个分频模块。由于定义了串口的波特率为 9 600 bps，因此，需要产生一个 9 600 Hz 的频率用于发送模块。

该模块使用了 16 位计数器 clk_cnt。若复位信号有效，则 clk_cnt 的值为 0，否则判断时钟使能信号 clk_equ 是否有效。若时钟使能信号 clk_equ 有效，清零 clk_cnt 的值；否则，在每个时钟 clk 的上升沿到来时，计数器 clk_cnt 的值加 1。当计数器 clk_cnt 的值为分频参数 CLK_DIV 的值时，时钟使能信号 clk_equ 有效。波特率时钟信号 clk_out 就是时钟使能信号 clk_equ。

波特率产生模块的流程图如图 5.6 所示。波特率产生模块的程序清单如程序清单 5.2 所示。

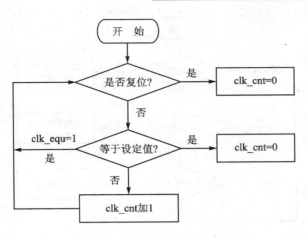

图 5.6 波特率产生模块流程图

程序清单 5.2 波特率产生模块程序

```
reg[15:0]        clk_cnt;                        //计数器
wire             clk_equ;                        //分频时钟

always@(posedge clk)
begin
    if(rst)
        clk_cnt<=16'd0;
    else
    begin
        if(clk_equ)                              //等于分频系数清 0
            clk_cnt<=16'd0;
        else
            clk_cnt<=clk_cnt+1'b1;               //计数器值加 1
    end
end
assign clk_equ=(clk_cnt==CLK_DIV);
assign clk_out=clk_equ;                          //串口波特率输出
```

(4) 数据加载模块

数据加载模块的功能是根据写使能信号 wr 将发送数据 send_data 加载到发送缓冲区中。由于串口的数据格式采用 1 位起始位、1 位停止位、8 位数据位,无奇偶校验位,因此一帧数据有 10 位。程序开辟了一个 10 位的发送缓冲区,用于存储发送的数据、起始位和停止位。

数据加载模块的功能描述如下:当复位信号有效时,清零发送缓冲区 data_buf 的数据,并且禁止写控制标志 wr_ctrl;当写使能信号 wr 有效时,将串口的起始位 1'b1、发送数据 send_data 和停止位 1'b0 一同加载到数据缓冲区中,并且使能写控制标志 wr_ctrl,准备发送数据;当发送中断标志位 txd_int 有效(即串口完成一帧数据的发送)时,禁止写控制标志 wr_ctrl。数据加载模块的流程图如图 5.7 所示。

数据加载模块程序如程序清单 5.3 所示。

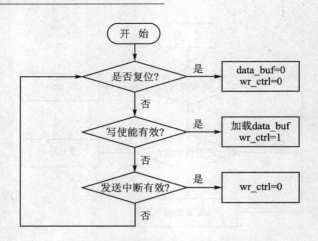

图 5.7　数据加载模块流程图

程序清单 5.3　数据加载模块程序

```
reg[9:0]          data_buf;                              //发送数据缓存
reg               wr_ctrl;                               //写控制标志
reg               txd_int;                               //发送中断

always@(posedge clk)
begin
    if(rst)
    begin
        data_buf <= 10'd0;
        wr_ctrl <= 1'b0;
    end
    else
    begin
        if(wr)
        begin
            data_buf <= {1'b1,send_data[7:0],1'b0};       //读入数据,10 位
            wr_ctrl <= 1'b1;                              //置开始标志位
        end
        else if(txd_int == 0)
            wr_ctrl <= 1'b0;
    end
end
```

（5）数据发送模块

数据发送模块是串口发送模块的一个核心模块。它主要实现以一定的波特率将发送缓冲区的数据移位输出的功能。数据发送模块的流程图如图 5.8 所示。

该模块定义了一个 1 位的位发送寄存器 txd_reg 和一个 4 位的发送位计数器 bincnt，在复位信号有效时，将发送位计数器 bincnt 清零，并使能发送中断标志寄存器 txd_int 和使能位发送寄存器 txd_reg。

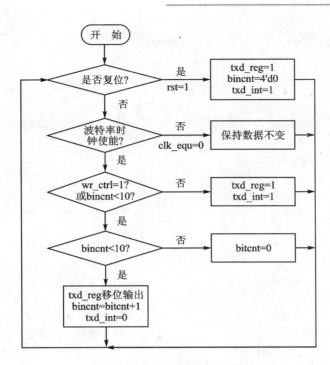

图 5.8 数据发送模块流程图

需要注意的是,串口发送端 txd 在空闲时为高电平,因此复位后位发送寄存器 txd_reg 为高电平;发送中断标志寄存器 txd_int 为上升沿有效,因此复位后也令其为高电平。

当波特率的时钟使能信号 clk_equ 有效时,首先判断写控制标志 wr_ctrl 是否有效,或者发送位计数器 bincnt 的值是否小于 0。如果条件不成立(wr_ctrl≠1 或 bincnt≥10),位发送寄存器 txd_reg 和发送中断标志寄存器 txd_int 都无效(高电平);若上述条件成立(wr_ctrl=1 或 bincnt<10),则将发送缓冲区 data_buf 的数据从低位到高位输出,并将发送位计数器值加 1,同时发送中断标志寄存器 txd_int 设置为低电平。当完成 10 位数据发送后,发送位计数器 bincnt 的值清零,发送中断标志寄存器 txd_int 设置为高电平,标志着串口完成一帧数据的传输。

数据发送模块的程序不复杂,读者可以根据图 5.8 的流程图分析程序。数据发送模块的程序如程序清单 5.4 所示。

程序清单 5.4 数据发送模块程序

```
reg                txd_reg;              //一位发送寄存器
reg[3:0]           bincnt;               //发送数据计数器

always@(posedge clk)
begin
    if(rst)
    begin
        txd_reg <= 1'b1;
        bincnt <= 4'd0;
```

```
                    txd_int <=1'b1;
            end
            else
            begin
                if(clk_equ)
                begin
                    if(wr_ctrl==1||bincnt<4'd10)          //发送条件判断,保证发送数据完整性
                    begin
                        if(bincnt<4'd10)
                        begin
                            txd_reg <=data_buf>>bincnt;
                            bincnt <=bincnt+4'd1;          //发送数据位计数
                            txd_int <=1'b0;
                        end
                        else
                            bincnt <=4'd0;
                    end
                    else
                    begin                                  //发送完或者处于等待
                        txd_reg <=1'b1;                    //状态时 TXD 和 TI 为高电平
                        txd_int <=1'b1;
                    end
                end
            end
    end
    assign txd=txd_reg;                                    //TXD 连续输出
```

(6) 小　结

串口发送模块是按照标准的串口协议来编写的,其数据格式采用 1 位起始位、1 位停止位、8 位数据位,无奇偶校验,发送波特率为 9 600 bps,已经在 Microsemi FPGA 中进行了验证。

2. 串口接收模块

(1) 串口接收模块框图

如图 5.9 所示为串口接收模块的结构框图。串口接收模块分为 3 个小模块,分别为波特率采样时钟产生模块、采样判断模块和数据采样接收模块。

① 波特率采样时钟产生模块:根据系统 48 MHz 的时钟,产生相应的波特率采样时钟。

② 采样判断模块:从数据采样接收模块采样到 rxd 的数据,并进行采样后的判断。

③ 数据采样接收模块:根据波特率的采样时钟,对串口接收端 rxd 进行采样,并接收采样判断模块的采样数据。

(2) 串口接收模块的端口描述

如程序清单 5.5 所示,串口接收模块端口包括基本的信号,有复位信号 rst、系统时钟 clk、波特率采样时钟 clk_out、接收数据输出 rec_data、串口接收端口 rxd、串口接收中断 txd_int。其中模块端口还定义了分频参数 CLK_DIV,用于波特率采样时钟产生模块。

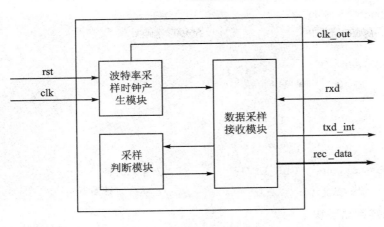

图 5.9　串口接收模块框图

　　需要说明的是,串口波特率为 9 600 bps,并且输入的系统时钟频率为 48 MHz。由于程序需要对串口接收端口 rxd 的数据进行 16 次采样处理,因此分频参数 CLK_DIV 在串口发送模块的参数 5 000 的基础上除以 16,故 CLK_DIV=48 000 000/9 600/16=312.5,取整数为 312。

程序清单 5.5　串口接收模块端口程序

```
module rec(rst, clk, clk_out, rec_data, rxd, rxd_int);
    input              rst;                    //复位信号
    input              clk;                    //系统时钟
    input              rxd;                    //串口接收端口
    output             clk_out;                //波特率采样时钟
    output             rxd_int;                //串口接收中断
    output[7:0]        rec_data;               //接收数据输出
    parameter          CLK_DIV=312;            //时钟分频参数:48 000 000 除以(16×9 600),
                                               //为 312.5,这里取整数 312

    //模块 1
    // ⋮
    //模块 n
endmodule
```

(3) 波特率采样时钟产生模块

　　串口接收模块的波特率采样时钟产生模块与串口发送模块的波特率产生模块功能一样,只是 CLK_DIV 的参数不一样,原因是接收模块需要对串口接收端口 rxd 的数据进行 16 次采样。由于功能和程序都相同,因此不再进行详细分析,读者可自行分析,程序如程序清单 5.6所示。

程序清单 5.6　波特率采样时钟产生模块程序

```
reg[15:0]          clk_cnt;                    //时钟节拍计数器
wire               clk_equ;

always@(posedge clk or posedge rst)            //时钟节拍计数器
begin
    if(rst)
```

```
                clk_cnt <=16'd0;
        else
        begin
            if(clk_equ)
                clk_cnt <=16'd0;
            else
                clk_cnt<=clk_cnt+1'b1;
        end
    end
    assign clk_equ=(clk_cnt==CLK_DIV);        //采样时钟
    assign clk_out=clk_equ;                   //采样时钟输出
```

(4) 数据采样判断模块

数据采样判断模块的功能主要是对采样得到的数据进行有效性判断。采样接收模块对 rxd 端口的每一位数据进行了 16 次采样，但是只取了中间的 3 次数据判断其有效性。

采样判断的算法如下：如果 3 次采样数据中有 2 次以上的数据相等，则判断该相等的数据位为有效位。

如图 5.10 所示，bit_collect[0]、bit_collect[1]和 bit_collect[2]是 16 次采样数据中的 3 次采样数据。在第一次采样的数据中，bit_collect[0]、bit_collect[1]为 1，bit_collect[3]为 0，即在采样得到的数据中有两次数据有效，而且 bit1＝1、bit2＝0、bit3＝0，最后采样判断的数据 bit4＝1，因此，判断采样得到的数据是 1。相反，在第二次采样中，由于在 bit_collect[0]、bit_collect[1] 和 bit_collect[2]中，只有 bit_collect[2]为高电平，因此判断采样得到的数据为 0。

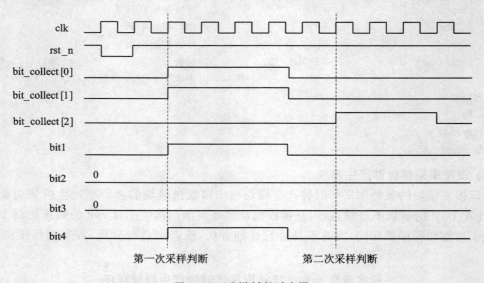

图 5.10　采样判断时序图

采样判断模块是由组合逻辑组成的，程序比较简单，bit1 是将 bit_collect[0]和 bit_collect[1] 进行"与"运算，bit2 是将 bit_collect[1]和 bit_collect[2]进行"与"运算，bit3 是将 bit_collect[0]和 bit_collect[2]进行"与"运算，bit4 是将 bit1、bit2 和 bit3 进行"或"运算。读者可以根据图 5.10 的波形进一步分析。采样判断模块的程序如程序清单 5.7 所示。

程序清单 5.7　采样判断模块程序

```
reg[2:0]              bit_collect;                //采集数据缓存区
wire                  bit1,bit2,bit3,bit4;        //连线

assign bit1=bit_collect[0]&bit_collect[1];       //对采样数据进行判断
assign bit2=bit_collect[1]&bit_collect[2];       //对采样数据进行判断
assign bit3=bit_collect[0]&bit_collect[2];       //对采样数据进行判断
assign bit4=bit1|bit2|bit3;                      //采样数据输出
```

(5) 数据采样接收模块

数据采样接收模块是串口接收模块的核心部分。它有两个功能,第一是对串口接收端 rxd 进行采样处理,第二就是将采样判断后的数据进行接收并缓存。

数据采样接收模块比较复杂,主要原因是它需要对串口接收端 rxd 进行采样处理,并且将采样判断后的数据进行存储。如图 5.11 所示为数据采样接收模块的流程图。

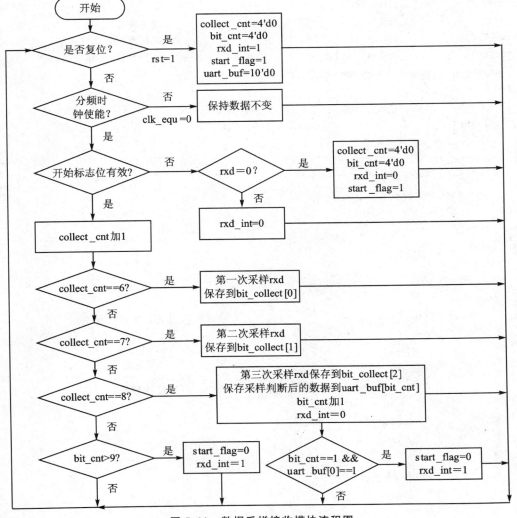

图 5.11　数据采样接收模块流程图

数据采样接收模块首先判断分频时钟使能信号 clk_equ 是否有效。若有效(clk_equ 为1),则判断开始标志位 start_flag 是否有效。如果 start_flag 无效,则开始检测 rxd 信号的低电平,因为 rxd 为低电平表示数据的开始。当检测到开始信号时,采样计数器 collect_cnt 清零,位计数器 bit_cnt 清零,接收中断标志位 rxd_int 清零,并且 start_flag 置位,开始接收数据的准备;否则一直等待开始信号有效。

当开始标志位 start_flag 有效时,开始采样 rxd 端口的信号。采样 rxd 的一位数据需要16 个采样时钟,采样计数器 collect_cnt 会在每次时钟使能信号 clk_equ 有效时加 1。当 collect_cnt 的值在 6、7、8 时进行一次采样,共采样 3 次。在最后一次采样中,缓存采样判断模块传回来的数据为 bit4,并对位计数器 bit_cnt 加 1,同时清零接收中断标志位 rxd_int。当位接收计数器 bit_cnt 的值大于 9 时,置位中断标志位 rxd_int,令开始标志位 start_flag 无效,结束一次数据的接收工作。

数据采样接收模块的程序见程序清单 5.8。

程序清单 5.8　数据采样接收模块程序

```
reg             start_flag;                    //开始标志
reg             rxd_int;                       //接收中断标志
reg[9:0]        uart_buf;                      //接收缓存区
reg[3:0]        collect_cnt,bit_cnt;           //采样计数器,位接收计数器
always@(posedge clk or posedge rst)
begin
    if(rst)
    begin
        collect_cnt <=4'd0;
        bit_cnt <=4'd0;
        rxd_int <=1'b1;
        start_flag <=1'b1;
        uart_buf <=10'd0;
    end
    else
    begin
        if(clk_equ)
        begin
            if(!start_flag)                    //是否处于接收状态
            begin
                if(!rxd)
                begin
                    collect_cnt <=4'd0;        //复位计数器
                    bit_cnt <=4'd0;
                    rxd_int <=1'b0;
                    start_flag <=1'b1;
                end
                else   rxd_int <=1'b1;
            end
            else
```

```
            begin
                collect_cnt <= collect_cnt+1'b1;              //位接收状态加 1
                if(collect_cnt==4'd6)
                    bit_collect[0] <= rxd;                     //数据采集
                if(collect_cnt==4'd7)
                    bit_collect[1] <= rxd;                     //数据采集
                if(collect_cnt==4'd8)
                begin
                    bit_collect[2] <= rxd;                     //数据采集
                    uart_buf[bit_cnt] <= bit4;                 //开始存储接收的数据
                    bit_cnt <= bit_cnt+1'b1;                   //位计数器加 1
                    if((bit_cnt==4'd1)&&(uart_buf[0]==1'b1))
                    begin
                        start_flag <= 1'b0;                    //标志开始接收
                    end
                    rxd_int <= 1'b0;                           //中断标志位低
                end
                if(bit_cnt>4'd9)                               //检测接收是否结束
                begin
                    rxd_int <= 1'b1;                           //中断标志为高表示转换结束
                    start_flag <= 1'b0;
                end
            end
        end
    end
end
assign   rec_data=uart_buf[8:1];                              //取出数据位
```

(6) 小　结

串口接收模块是按照标准的串口协议来编写的,其数据格式采用 1 位起始位、1 位停止位、8 位数据位,无奇偶校验位,接收波特率为 9 600 bps,已经在 Microsemi FPGA 中进行了验证。

5.3　SPI 的 IP 设计

5.3.1　SPI 协议介绍

1. SPI 简介

SPI(Serial Peripheral Interface)的中文意思为串行外围设备接口,它是由 Motorola 公司推出的。SPI 是一种高速、全双工、同步的串行通信总线,以主从方式工作。一个 SPI 总线可以连接多个主机和多个从机,但是在同一时刻只允许有一个主机操作总线。SPI 至少需要 4 根线,即 MOSI、MISO、SCK、CS。事实上 3 根线也可以(单向传输时),这也是所有基于 SPI 的设备共有的。

➤ MOSI：主设备输出，从设备输入；

➤ MISO：主设备输入，从设备输出；

➤ SCK：时钟信号，由主设备产生；

➤ CS：从设备使能信号，由主设备控制。

SPI 是串行通信协议，它的数据是一位一位传输的，这就是 SCK 存在的原因。由 SCK 提供时钟脉冲，MOSI、MISO 则基于此脉冲完成数据的传输。SCK 信号线只由主设备控制，在一个基于 SPI 的设备中，至少有一个主设备。与普通串行通信不同，普通的串行通信一次连续传送至少 8 位数据，而 SPI 允许数据一位一位地传送，甚至允许暂停，因为 SCK 时钟线由主控设备控制，当没有时钟跳变时，从设备不采集或传送数据。这样传输有一个优点，也就是说，主设备通过对 SCK 时钟线的控制可以完成对通信的控制。SPI 还是一个数据交换协议：因为 SPI 的数据输入和输出线独立，所以允许同时完成数据的输入和输出。不同的 SPI 设备其实现方式不尽相同，主要是数据改变和采集的时间不同，在时钟信号的上升沿或下降沿采集有不同的定义，具体请参考相关器件的数据手册。同时，SPI 接口也存在缺点，即没有指定的流控制，没有应答机制确认是否接收到数据。

2. SPI 数据传输

SPI 有 4 种不同的数据传输格式，并通过芯片内部的 CPOL 和 CPHA 两个信号来区分不同的格式。CPOL 设置时钟极性：当该位为逻辑 1 时，SCK 在两帧数据的空闲阶段保持高电平；为逻辑 0 时，SCK 在两帧数据的空闲阶段保持低电平。CPHA 设置时钟相位：当该位为 1 时，串行数据相对于 SCK 延时 1/4 个时钟周期；为 0 时，不延时。

(1) CPOL＝0、CPHA＝0 的情形

当 CPOL＝0 时，SCK 为高电平有效；当 CPHA＝0 时，数据在第一个时钟被采样。在数据传输中，第一位数据在 SCK 的上升沿之前输出到数据线上，其他位数据则在 SCK 的下降沿输出，所有数据均在 SCK 的上升沿被采样，如图 5.12 所示。

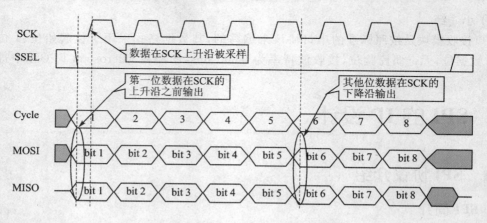

图 5.12　CPOL＝0、CPHA＝0 时的 SPI 波形

(2) CPOL＝0、CPHA＝1 的情形

当 CPOL＝0 时，SCK 高电平有效；当 CPHA＝1 时，数据在第二个时钟沿被采样。在数据传输中，所有数据位均在 SCK 的上升沿输出到数据线上，在 SCK 的下降沿被采样，如

图 5.13 所示。

(3) CPOL＝1、CPHA＝0 的情形

当 CPOL＝1 时，SCK 低电平有效；当 CPHA＝0 时，数据在第一个时钟沿被采样。在数据传输中，第一位数据在 SCK 的下降沿之前输出到数据线上，其他位数据则在 SCK 的上升沿输出，所有数据均在 SCK 的下降沿被采样，如图 5.14 所示。

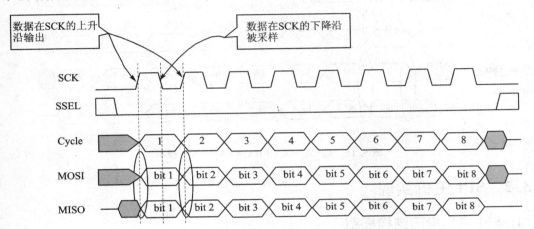

图 5.13 CPOL＝0、CPHA＝1 时的 SPI 波形

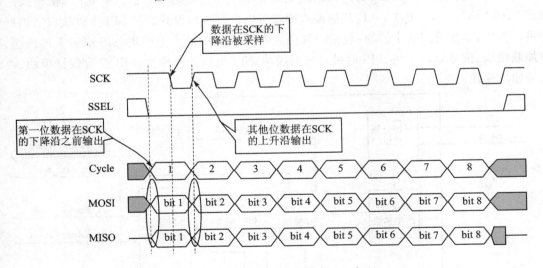

图 5.14 CPOL＝1、CPHA＝0 时的 SPI 波形

(4) CPOL＝1、CPHA＝1 的情形

当 CPOL＝1 时，SCK 低电平有效；当 CPHA＝1 时，数据在第二个时钟沿被采样。在数据传输中，所有数据均在 SCK 的下降沿输出到数据线上，在 SCK 的上升沿被采样，如图 5.15 所示。

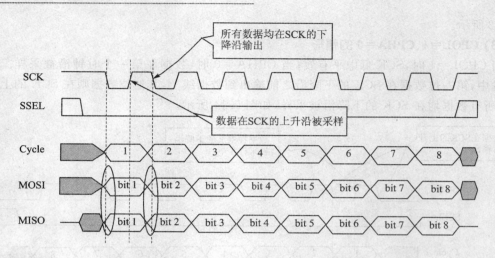

图 5.15　CPOL＝1、CPHA＝1 时的 SPI 波形

5.3.2　SPI 主机实现

1. SPI 主机接口结构框图

完成 SPI 协议的主机接口的内部结构框图如图 5.16 所示。本设计的 SPI 传输模式采用模式 1，即 CPOL＝0、CPHA＝1，其他模式读者可以自行考虑设计。从 SPI 主机接口结构框图中可以看出，系统分成 9 个模块，包括时钟分频模块、SPI 时钟产生模块、SPI 时钟采样模块、数据加载模块、信号处理模块、SPI 时钟计数器模块、SPI 发送数据模块、SPI 接收数据模块、控制信号输出模块。

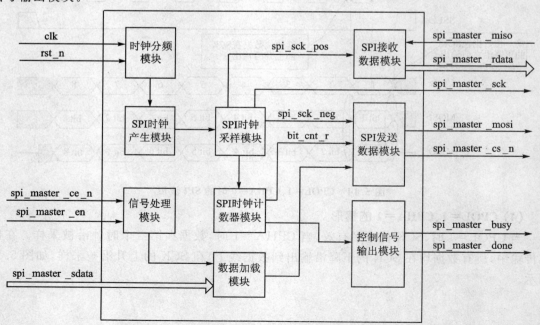

图 5.16　SPI 主机接口结构框图

① 时钟分频模块：对输入的时钟进行分频处理，供给 SPI 时钟使用。

② SPI 时钟产生模块：主要产生 SPI 的时钟 SCK。

③ SPI 时钟采样模块：主要对 SPI 时钟 SCK 进行采样处理。

④ 数据加载模块：对发送的数据进行加载锁存处理。

⑤ 信号处理模块：主要是对输入的控制信号进行处理。

⑥ SPI 时钟计数器模块：对时钟进行计数。

⑦ SPI 发送数据模块：对加载的数据进行移位发送。

⑧ SPI 接收数据模块：接收 spi_master_miso 的数据，并进行处理。

⑨ 控制信号输出模块：输出忙信号、发送或接收完成等信号。

2. SPI 主机模块与端口描述

SPI 主机模块端口使用 Verilog HDL 语言描述，描述方式如程序清单 5.9 所示。SPI 主机模块的名称为 spi_master_inf，即 SPI 主机接口模块的意思。程序中使用了 Verilog HDL 宏定义的语法来定义常量，DIV_CNT_WIDTH 与 SPI_CLK_CNT_TOP 分别使用宏定义 `define 命令来定义计数器的长度和分频系数的常量值；另外还使用参数型来定义数据位宽 DATA_WIDTH 和标志符 YES、NO、YES_N、NO_N。使用宏定义和参数型定义常量的方式可以达到方便管理和维护程序的目的。

程序清单 5.9　SPI 主机模块端口描述程序

```verilog
`define     DIV_CNT_WIDTH     7          //SPI 分频时钟计数器的位数为 7
`define     SPI_CLK_CNT_TOP   3          //SPI 时钟分频系数在 3~127 之间可选

module spi_master_inf (clk,rst_n,spi_master_miso,spi_master_mosi,spi_master_sck,spi_master_cs_n,
                spi_master_ce_n,spi_master_en,spi_master_sdata,spi_master_busy,
                spi_master_rdata,spi_master_done);

parameter DATA_WIDTH =8;                        //SPI 数据位宽为 8
parameter YES          =1;
parameter NO           =0;
parameter YES_N        =0;
parameter NO_N         =1;


input                      clk;                    //系统时钟
input                      rst_n;                  //系统复位,低电平有效
input                      spi_master_miso;        //SPI 主机输入、从机输出信号
input                      spi_master_ce_n;        //SPI 片选信号输入
input                      spi_master_en;          //SPI 数据使能输入,高电平有效
input [DATA_WIDTH-1:0]     spi_master_sdata;       //SPI 主机发送信号输入
output                     spi_master_cs_n;        //SPI 主机片选信号输出
output                     spi_master_sck;         //SPI 主机时钟 SCK 输出信号
output                     spi_master_mosi;        //SPI 主机输出、从机输入信号
output                     spi_master_busy;        //SPI 主机忙信号输出,高电平有效
output [DATA_WIDTH-1:0]    spi_master_rdata;       //SPI 主机接收数据信号输出
output                     spi_master_done;        //SPI 主机传输完成信号输出,高电平有效
```

```
…//   模块 1(时钟分频模块)
…
…//   模块 n(控制信号输出模块)
endmodule
```

3. 时钟分频模块

时钟分频模块的功能是对高速的系统时钟 clk 进行分频处理,得到低频时钟使能信号 spi_div_clk。该信号用于产生 SPI 传输的时钟信号 spi_master_sck。

分频模块有很多种描述方式,其中一种方式是产生时钟使能信号。这样可使得整个系统只需要一个时钟信号,这种设计方式称为同步设计方式。产生时钟使能信号的波形如图 5.17 所示。

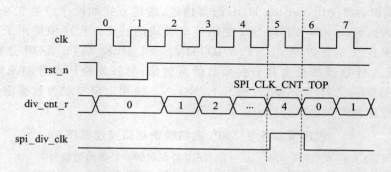

图 5.17   分频模块的波形

时钟分频模块的实现程序如程序清单 5.10 所示。在程序中,使用了 Verilog HDL 宏定义的语法,DIV_CNT_WIDTH 与 SPI_CLK_CNT_TOP 这两个参数已经在程序模块端口中定义,可以查看程序清单 5.9。

程序的设计思路如下：div_cnt_r 是分频计数器,当复位信号有效(rst_n==1'b0)时,div_cnt_r 清零;当使能信号 spi_div_clk 有效时,计数器 div_cnt_r 也清零;否则 div_cnt_r 在每一个 clk 的上升沿到来时,计数器加 1;当计数器 div_cnt_r 等于所定义的数值 SPI_CLK_CNT_TOP 时,spi_div_clk 使能信号有效,等待下一个时钟到来时清零 div_cnt_r。

在时钟信号 clk 的驱动下,可以连续不断地产生 spi_div_clk 使能信号,并应用于后续的 SPI 时钟产生模块中。分频计数器的流程图见图 5.18。

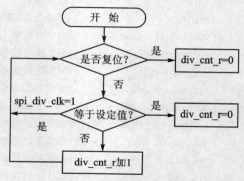

图 5.18   分频计数器流程图

程序清单 5.10 时钟分频模块程序

```
reg        [`DIV_CNT_WIDTH-1:0]      div_cnt_r;              //分频计数器
wire                                 spi_div_clk;            //分频时钟输出

always @(posedge clk or negedge rst_n)
begin
    if(rst_n==YES_N)
        div_cnt_r <= `DIV_CNT_WIDTH'd0;
    else if(spi_div_clk)
        div_cnt_r <= `DIV_CNT_WIDTH'd0;
    else
        div_cnt_r <= div_cnt_r + 1'b1;
end
assign spi_div_clk = (div_cnt_r == `SPI_CLK_CNT_TOP);        //产生分频时钟使能信号
```

4. SPI 时钟产生模块

SPI 通信协议需要一个时钟信号 spi_master_sck，因此时钟分频模块产生的使能信号 spi_div_clk 服务于 SPI 时钟产生模块。spi_sck_r 信号就由 SPI 时钟产生模块生成，并且应用于 SPI 时钟采样模块中，最终经过 SPI 时钟采样模块输出 SPI 的时钟 spi_master_sck，成为 SPI 主机的时钟信号。本程序使用 SPI 传输模式是 CPOL=0、CPHA=1，即时钟 spi_master_sck 空闲时为低电平，在时钟上升沿输出数据，在时钟下降沿采样数据。SPI 传输的数据是根据 spi_master_sck 来同步的，完成一次传输需要 8 个 spi_master_sck 时钟周期，如图 5.19 所示。

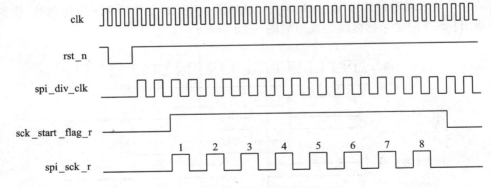

图 5.19 SPI 时钟产生模块的波形

在图 5.19 中，spi_sck_r 是在时钟分频使能信号 spi_div_clk 有效的条件下，自身翻转产生的；sck_start_flag_r 信号是由数据加载模块产生的，用于控制 spi_sck_r 信号产生的周期数，在后续数据加载模块中会介绍。

从图 5.19 中可以看出，sck_start_flag_r 有效时间为 spi_div_clk 的 16 个周期数，即对应产生 8 个 spi_sck_r 周期，因此，sck_start_flag_r 应严格控制产生 8 个 spi_sck_r 周期。

SPI 时钟产生模块的程序如程序清单 5.11 所示。

程序清单 5.11 SPI 时钟产生模块程序

```
reg        spi_sck_r;                                       //SPI 时钟寄存器
```

```
reg              sck_start_flag_r;                        //SPI 传输开始标志

always @(posedge clk or negedge rst_n)
begin
    if(rst_n==YES_N)
        spi_sck_r <= 1'b0;
    else if(!spi_master_ce_n)                             //SPI 片选有效
    begin
        if(spi_div_clk)                                   //时钟分频使能信号有效
        begin
            if(sck_start_flag_r)
                spi_sck_r <= ~spi_sck_r;                  //SPI 时钟输出
        end
    end
    else
        spi_sck_r <= 1'b0;
end
```

5. SPI 时钟采样模块

时钟采样模块是基于时钟分频模块和时钟产生模块得到的。只有产生了 SPI 时钟信号 spi_sck_r,才能对其进行采样和控制。

SPI 时钟采样模块是整个系统的核心模块之一,数据的发送、接收以及计数都是在 SPI 时钟采样模块输出的 SPI 时钟上升沿信号 spi_sck_pos、下降沿信号 spi_sck_neg 控制下工作的。这个模块主要是采样时钟信号 spi_sck_r,并产生 spi_sck_r 的上升沿和下降沿信号,供给后续的模块使用。SPI 时钟采样模块的波形如图 5.20 所示。

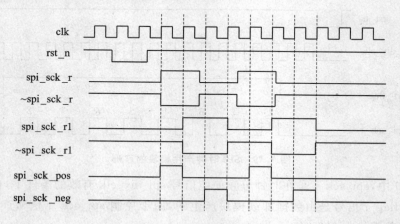

图 5.20 SPI 时钟采样模块的波形

根据图 5.20 的波形可以知道 SPI 时钟采样的方式,将原始的 SPI 时钟信号 spi_sck_r 延时一个时钟周期后得到 spi_sck_r1。若需要取 spi_sck_r 的上升沿信号,则将延时后的信号 spi_sck_r1 取反,再与原始的信号 spi_sck_r 进行"与"运算,即可得到 SPI 时钟的上升沿信号 spi_sck_pos。同理可得 spi_sck_r 的下降沿信号 spi_sck_neg。SPI 时钟采样模块的程序如程序清单 5.12 所示。

程序清单 5.12　　SPI 时钟采样模块程序

```
reg     spi_sck_r1;                              //SPI 时钟延时一拍的寄存器
wire    spi_sck_pos,spi_sck_neg;                 //SPI 的时钟 sck 边沿输出

always @ (posedge clk or negedge rst_n)
begin
    if(rst_n==YES_N)
        spi_sck_r1 <=1'b0;
    else
        spi_sck_r1 <=spi_sck_r;
end
assign spi_master_sck=spi_sck_r1;               //SPI 的时钟 sck 输出
assign spi_sck_pos=spi_sck_r & (~spi_sck_r1);   //取 spi_sck 的上升沿
assign spi_sck_neg=(~spi_sck_r) & spi_sck_r1;   //取 spi_sck 的下降沿
```

6. 信号处理模块

信号处理模块主要对外部输入的数据使能信号进行采样处理,并提供给后续的数据加载模块使用。数据使能信号 spi_master_en 是外部输入的控制信号,在高电平时指示外部输入的数据有效。为了抑制亚稳态的产生,需要对 spi_master_en 延时 2 个时钟周期,再取其上升沿 spi_data_en_pos。边沿采样方式与 SPI 时钟采样模块的方法一样。

另外,信号处理模块还将输入端口的 SPI 的片选信号 spi_master_ce_n 直接输出给 SPI 的片选端口 spi_master_cs_n,外部信号处理模块如程序清单 5.13 所示。

程序清单 5.13　　外部信号处理模块

```
reg     spi_en_r1;                              //使能信号寄存器 1
reg     spi_en_r2;                              //使能信号寄存器 2

always @ (posedge clk or negedge rst_n)
begin
    if(rst_n==YES_N)
    begin
        spi_en_r1 <=1'b0;
        spi_en_r2 <=1'b0;
    end
    else
    begin
        spi_en_r1 <=spi_master_en;
        spi_en_r2 <=spi_en_r1;
    end
end
assign spi_data_en_pos=spi_en_r1&(~spi_en_r2);  //取 spi_en_r 的上升沿
assign spi_master_cs_n=spi_master_ce_n;         //SPI 片选信号输出
```

7. 数据加载模块

数据加载模块主要对外部输入的数据进行缓存处理。它需要用到信号处理模块中数据使

能的上升沿信号 spi_data_en_pos。当这一信号有效时,将外部的数据锁存起来。数据加载模块还产生一个重要的传输开始标志信号 sck_start_flag_r。sck_start_flag_r 信号用于 SPI 时钟产生模块中。该信号控制 SPI 时钟 spi_clk_r 的产生周期数。由于程序考虑了资源共用的设计,因此使用数据使能上升沿信号 spi_data_en_pos 来设置传输开始标志信号 sck_start_flag_r 有效,使用忙信号的下降沿 spi_busy_neg 来设置 sck_start_flag_r 无效,如图 5.21 所示。

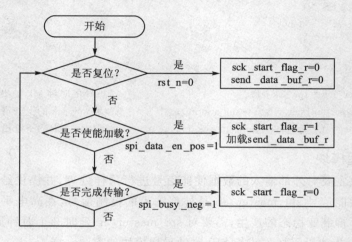

图 5.21　数据加载模块流程图

使用数据使能信号的上升沿 spi_data_en_pos 来设置传输开始标志位 sck_start_flag_r 有效的方法很好理解,因为这是 SPI 数据传输的开始,使能 sck_start_flag_r 就是使能 spi_sck_r 产生 SPI 传输的时钟。SPI 时钟什么时候结束呢? 当忙信号无效(低电平无效)时,表示完成一次传输,即在忙信号的下降沿 spi_busy_neg 有效时禁止 sck_start_flag_r,这样就可以控制 SPI 的时钟周期数。数据加载模块的程序如程序清单 5.14 所示。

程序清单 5.14　数据加载模块程序

```
reg      [DATA_WIDTH-1:0]      send_data_buf_r;                //发送数据缓存器
always @(posedge clk or negedge rst_n)
begin
    if(rst_n==YES_N)
    begin
        sck_start_flag_r <=1'b0;                              //禁止 SPI 时钟输出
        send_data_buf_r <=8'd0;                               //发送数据加载
    end
    else if(spi_data_en_pos)
    begin
        send_data_buf_r <=spi_master_sdata;                   //发送数据加载
        sck_start_flag_r <=1'b1;                              //使能 SPI 时钟输出
    end
    else if(spi_busy_neg)
        sck_start_flag_r <=1'b0;                              //禁止 SPI 时钟输出
end
```

8. SPI 时钟计数器模块

SPI 时钟计数器模块对产生的 SPI 时钟信号进行计数。由于 SPI 传输模式是 CPOL＝0、CPHA＝1，在 spi_master_sck 时钟的下降沿采样数据，因此在时钟的下降沿计数。

计数模块与 SPI 发送模块和控制信号输出模块有密切的关系，由于 SPI 传输模式是高位数据先传输，因此计数器采用递减的方式，如程序清单 5.15 所示。

程序的功能为：计数器复位后计数器的值为 7，当片选信号有效时，在 SPI 时钟下降沿，将计数器的值减 1。

程序清单 5.15　SPI 时钟计数器程序

```
reg      [2:0] bit_cnt_r;                    //SPI 数据位计数器

always@(posedge clk or negedge rst_n)
begin
    if(rst_n==YES_N)
        bit_cnt_r <=3'd7;
    else if(!spi_master_ce_n)                //片选信号有效
    begin
        if(spi_sck_neg)                      //SPI 时钟下降沿
            bit_cnt_r <=bit_cnt_r - 1'b1;    //位计数器减 1
    end
end
```

9. SPI 发送数据模块

SPI 发送数据模块根据 SPI 的时钟将缓存的数据移位输出，是核心模块之一。由于使用 SPI 传输模式是 CPOL＝0、CPHA＝1，所以在时钟上升沿输出数据，在时钟下降沿采样数据。因此，可以根据 SPI 时钟采样到的信号 spi_sck_pos 和 sck 时钟计数器的值 bit_cnt_r 将数据移位输出。需要注意的是，由于计数器采用递减的方式，因此发送的数据是高位先输出。SPI 发送数据的流程图如图 5.22 所示。SPI 发送数据模块程序如程序清单 5.16 所示。

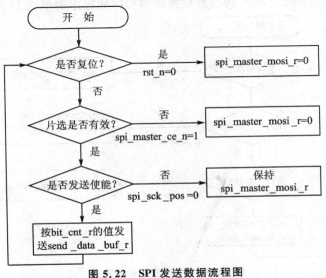

图 5.22　SPI 发送数据流程图

程序中使用以下方式发送数据:

```
spi_master_mosi_r <= send_data_buf_r[bit_cnt_r];
```

这表示将数据加载模块锁存的数据 send_data_buf_r 根据 bit_cnt_r 的值移位输出。例如,bit_cnt_r 的值依次为 7、6、…、1、0,那么对应 send_data_buf_r 的位数为 send_data_buf_r[7]、send_data_buf_r[6]、…、send_data_buf_r[1]、send_data_buf_r[0]。因此,在时钟的驱动下,send_data_buf_r 从高位到低位依次输出。

程序清单5.16 SPI发送数据模块程序

```
reg                spi_master_mosi_r;                           //SPI主机输入,从机输出
always@(posedge clk or negedge rst_n)
begin
    if(rst_n == YES_N)
        spi_master_mosi_r <= 1'b0;
    else if(!spi_master_ce_n)                                   //片选信号有效
    begin
        if(spi_sck_pos)                                         //SPI时钟上升沿
            spi_master_mosi_r <= send_data_buf_r[bit_cnt_r];    //SPI发送数据
    end
    else
        spi_master_mosi_r <= 1'b0;
end
assign spi_master_mosi = spi_master_mosi_r;                     //SPI数据输出
```

10. SPI 接收数据模块

SPI 接收数据模块是根据 SPI 的时钟将 spi_master_miso 端口的数据移位输入。由于使用 SPI 传输模式是 CPOL=0、CPHA=1,所以在时钟上升沿输出数据,时钟下降沿采样数据。因此,可以根据 SPI 时钟采样到的信号 spi_sck_neg,将数据移位输入并缓存起来。SPI 接收数据的流程图如图 5.23 所示,SPI 接收数据模块的程序如程序清单 5.17 所示。

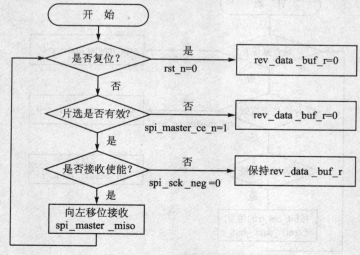

图 5.23 SPI 接收数据流程图

程序中使用了以下方式接收数据：

```
rev_data_buf_r <= {rev_data_buf_r[6:0],spi_master_miso};
```

这是一种将 rev_data_buf_r 左移运算的写法，使用了 Verilog HDL 的数据拼接语法。在时钟的驱动下，每次将 rev_data_buf_r[6:0] 与 spi_master_miso 组成一个 8 位的数据提供给rev_data_buf_r。这样的写法相当于：

```
rev_data_buf_r[0] <= spi_master_miso;          //将 spi_master_miso 赋值给 rev_data_buf_r 的最低位
rev_data_buf_r <= rev_data_buf_r << 1;          //rev_data_buf_r 左移一位
```

程序清单 5.17　SPI 接收数据模块程序

```
reg      [DATA_WIDTH-1:0]      rev_data_buf_r;          //接收缓存器
always@(posedge clk or negedge rst_n)
begin
    if(rst_n == YES_N)
        rev_data_buf_r <= 8'd0;
    else if(!spi_master_ce_n)                            //片选信号有效
    begin
        if(spi_sck_neg)                                  //SPI 时钟下降沿，接收数据
            rev_data_buf_r <= {rev_data_buf_r[6:0],spi_master_miso};
    end
    else
        rev_data_buf_r <= 8'd0;
end
assign spi_master_rdata = rev_data_buf_r;                //SPI 接收的数据输出
```

11. 控制信号输出模块

控制信号输出模块主要是输出忙信号、发送或接收完成信号。忙信号输出是根据 SPI 时钟计数器的值 bit_cnt_r 进行控制输出的。由于 bit_cnt_r 复位后的数值是 3'd7，并且采用递减计数方式，因此，当 bit_cnt_r 小于 3'd7 时（即 SPI 正在发送或接收数据，处于忙状态），忙信号有效，否则忙信号无效。控制信号的时序波形如图 5.24 所示。

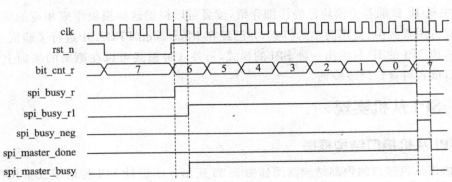

图 5.24　控制信号的波形

根据忙信号 spi_busy_r 可以衍生出一些内部信号和输出信号，如内部忙信号的下降沿

spi_busy_neg、输出完成信号 spi_master_done 和忙信号 spi_master_busy。

　　需要注意的是,spi_master_done 和 spi_busy_neg 使用了忙信号的下降沿输出,保持时间只有一个时钟周期,spi_busy_neg 是控制数据加载模块中的 sck_start_flag_r。

　　控制信号输出模块的程序见程序清单 5.18。

程序清单 5.18　控制信号输出模块程序

```
reg          spi_busy_r;                              //SPI忙信号寄存器
always@(posedge clk or negedge rst_n)
begin
    if(rst_n==YES_N)
        spi_busy_r <=1'b0;
    else if(bit_cnt_r < 3'd7)
        spi_busy_r <=1'b1;                            //忙信号有效
    else
        spi_busy_r <=1'b0;                            //忙信号无效
end
reg      spi_busy_r1;                                 //忙信号延时一拍
wire     spi_busy_neg;                                //取忙信号的下降沿
always @(posedge clk or negedge rst_n)
begin
    if(rst_n==YES_N)
        spi_busy_r1 <=1'b0;
    else
        spi_busy_r1 <=spi_busy_r;
end
assign spi_master_busy=spi_busy_r;                    //忙信号输出
assign spi_busy_neg=(~spi_busy_r) & spi_busy_r1;      //取 spi_en_r 的下降沿
assign spi_master_done=(~spi_busy_r) & spi_busy_r1;   //SPI 传输完成信号输出
```

12. 小　结

　　SPI 主机 IP 核的各个模块已经详细介绍,读者可以根据这些模块组成相应的完整 IP 核。该 IP 具有占用资源少、使用简单的特点,并已经在 Microsemi FPGA 中进行了验证。

　　另外,该 SPI 的 IP 只给出一种 SPI 的模式,另外 3 种模式可以在原来的基础上简单修改即可实现,读者可自行修改验证。

5.3.3　SPI 从机实现

1. SPI 从机接口结构框图

　　SPI 协议从机接口的内部结构框图如图 5.25 所示。本设计 SPI 传输模式采用模式 1,即 CPOL=0、CPHA=1,其他模式读者可以自行考虑设计。从 SPI 从机接口结构框图中可以看出,系统分成 7 个模块,包括 SPI 时钟采样模块、数据加载模块、信号处理模块、SPI 时钟计数器模块、SPI 发送数据模块、SPI 接收数据模块、控制信号输出模块。与 SPI 主机不同的是,

SPI 从机没有时钟分频模块和 SPI 时钟产生模块,原因是 SPI 从机只需要接收 SPI 时钟信号 spi_slave_sck,不需要主动发送 spi_slave_sck。

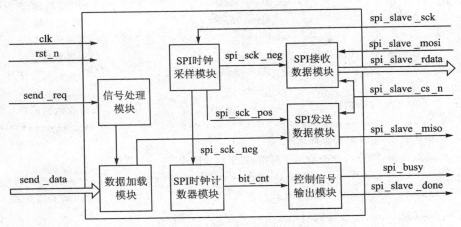

图 5.25　SPI 从机接口结构框图

① SPI 时钟采样模块:主要对 SPI 时钟 spi_slave_sck 进行采样处理。

② 数据加载模块:对发送的数据进行加载锁存处理。

③ 信号处理模块:主要对输入的数据使能控制信号进行处理。

④ SPI 时钟计数器模块:对时钟进行计数。

⑤ SPI 发送数据模块:对加载的数据进行移位发送。

⑥ SPI 接收数据模块:接收 spi_slave_mosi 的数据,并输出接收到的数据。

⑦ 控制信号输出模块:输出忙信号、发送或接收完成等信号。

2. 具体实现

SPI 从机 IP 核与 SPI 主机 IP 核在设计上很相似。对比两个 IP 核的结构框图可以发现,从机 IP 核没有时钟分频模块和 SPI 时钟产生模块,其他部分的功能模块都相同。从难易程度上看,SPI 从机 IP 核比主机 IP 核简单很多,设计思想基本相同,因此这里只给出从机的 IP 核程序,不具体分析程序,读者可自行分析程序。

本例程已经在 Microsemi FPGA 中进行了验证,读者可以自行测试或仿真该程序,SPI 从机 IP 核程序见程序清单 5.19。

程序清单 5.19　SPI 从机 IP 核程序

```
module spi_slave_inf (clk,rst_n,spi_slave_miso,spi_slave_mosi,spi_slave_sck,spi_slave_cs_n,send_data,
            send_req,spi_busy,spi_slave_rdata,spi_slave_done);

parameter    DATA_WIDTH =8;                              //定义数据宽度为 8
parameter YES           =1;
parameter NO            =0;
parameter YES_N         =0;
parameter NO_N          =1;

input                          clk;                      //系统时钟
input                          rst_n;                    //复位信号,低电平有效
```

```
input                        spi_slave_sck;          //SPI 时钟输入
input                        spi_slave_cs_n;         //片选信号
input                        spi_slave_mosi;         //SPI 主机输出,从机输入
output                       spi_slave_miso;         //SPI 主机输入
input                        send_req;               //发送使能信号
input    [DATA_WIDTH-1:0]    send_data;              //发送数据总线
output                       spi_slave_done;         //接收到完成信号
output                       spi_busy;               //SPI 忙信号
output   [DATA_WIDTH-1:0]    spi_slave_rdata;        //接收数据信号总线
/ ************************************************************************
* * 模块名称:SPI 时钟采样模块
* * 功能描述:取 SPI 上升沿与下降沿,用于信号同步
************************************************************************/
reg spi_slave_sck_r1,spi_slave_sck_r2;                //SPI 时钟寄存器
always@(posedge clk or negedge rst_n)
begin
    if(rst_n==YES_N)
    begin
        spi_slave_sck_r1 <=1'b0;
        spi_slave_sck_r2 <=1'b0;
    end
    else
    begin
        spi_slave_sck_r1 <=spi_slave_sck;
        spi_slave_sck_r2 <=spi_slave_sck_r1;
    end
end

wire    spi_sck_pos,spi_sck_neg;                       //SPI 时钟边沿寄存器
assign    spi_sck_pos=   spi_slave_sck_r1 & (~spi_slave_sck_r2); //SPI 时钟上升沿
assign    spi_sck_neg=  (~spi_slave_sck_r1) & spi_slave_sck_r2; //SPI 时钟下升沿
/ ************************************************************************
* * 模块名称:信号处理模块
* * 功能描述:取 dat_send_en 上升沿输出,用于信号同步
************************************************************************/
reg    send_req_r1,send_req_r2;                       //发送使能寄存器 1、2
always@(posedge clk or negedge rst_n)
begin
    if(rst_n==YES_N)
    begin
        send_req_r1 <=1'b0;
        send_req_r2 <=1'b0;
    end
    else
    begin
```

```verilog
            send_req_r1 <= send_req;
            send_req_r2 <= send_req_r1;
        end
end

wire send_req_pos;                                          //发送使能上升沿信号
assign    send_req_pos=  send_req_r1 & (~send_req_r2);      //数据使能信号上升沿
/ ********************************************************************
* * 模块名称：数据加载模块
* * 功能描述：本地信号数据加载
  ********************************************************************/
reg    [DATA_WIDTH-1:0]      send_buf;                      //发送缓存器
always@(posedge clk or negedge rst_n)
begin
    if(rst_n==YES_N)
        send_buf <= 8'd0;
    else if(send_req_pos)
        send_buf <= send_data;                             //加载本地信号的数据
end
/ ********************************************************************
* * 模块名称：SPI 时钟计数器模块
* * 功能描述：实现对 SPI 时钟计数功能
  ********************************************************************/
reg    [2:0]    bit_cnt;                                    //SPI 位计数器
always@(posedge clk or negedge rst_n)
begin
    if(rst_n==YES_N)
        bit_cnt <= 3'd7;
    else if(!spi_slave_cs_n)                               //片选信号有效
    begin
        if(spi_sck_neg)                                    //SPI 时钟下降沿
            bit_cnt <= bit_cnt-1'b1;                       //位计数器减 1
    end
end
/ ********************************************************************
* * 模块名称：SPI 发送数据模块
* * 功能描述：实现 SPI 数据并/串转换功能
  ********************************************************************/
reg    spi_slave_miso_r;                                    //SPI 主机输入，从机输出
always@(posedge clk or negedge rst_n)
begin
    if(rst_n==YES_N)
        spi_slave_miso_r <= 1'b0;
    else if(!spi_slave_cs_n)                               //片选信号有效
    begin
```

```
                if(spi_sck_pos)                                          //SPI 时钟上升沿
                    spi_slave_miso_r <= send_buf[bit_cnt];               //数据串/并转换,高位在前
        end
        else
            spi_slave_miso_r <= 1'b0;
end
assign spi_slave_miso = spi_slave_miso_r;
/*******************************************************************
* * 模块名称:SPI 接收数据模块
* * 功能描述:实现 SPI 数据串/并转换功能
*******************************************************************/
reg     [DATA_WIDTH - 1:0] rev_buf;                                      //接收缓存器

always@(posedge clk or negedge rst_n)
begin
    if(rst_n == YES_N)
        rev_buf <= 8'd0;
    else if(!spi_slave_cs_n)                                            //片选信号有效
    begin
        if(spi_sck_neg)                                                 //SPI 时钟下降沿
            rev_buf <= {rev_buf[6:0],spi_slave_mosi};                  //数据串/并转换,高位在前
    end
end
assign spi_slave_rdata = rev_buf;                                       //SPI 接收的数据输出
/*******************************************************************
* * 模块名称:控制信号输出模块
* * 功能描述:实现 SPI 忙信号输出功能
*******************************************************************/
reg         spi_busy;                                                   //忙信号寄存器

always@(posedge clk or negedge rst_n)
begin
    if(rst_n == YES_N)
        spi_busy <= 1'b0;
    else if(bit_cnt < 3'd7)
        spi_busy <= 1'b1;                                               //忙信号有效
    else
        spi_busy <= 1'b0;                                               //忙信号无效
end

reg     spi_busy_r;

always@(posedge clk or negedge rst_n)
begin
    if(rst_n == YES_N)
        spi_busy_r <= 1'b0;                                             //忙信号寄存器输出
    else
        spi_busy_r <= spi_busy;                                         //忙信号寄存器输出
```

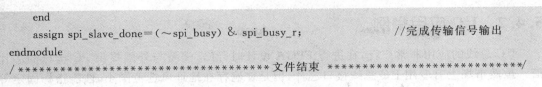

```
        end
        assign spi_slave_done＝(～spi_busy)＆spi_busy_r;                //完成传输信号输出
endmodule
/***************************** 文件结束 *****************************/
```

3. 小　结

SPI 从机具有占用资源少、使用简单的特点。另外从机 IP 只给出一种 SPI 的模式,其他 3 种模式可以在原来的基础上简单修改即可实现,读者可自行修改验证。

5.4　I²C 的 IP 设计

现代电子设计中,系统中有众多的 IC 需要进行相互通信。为了简化电路设计,Philips 公司开发了一种用于内部 IC 控制的简单的二线制双向串行总线 I²C(Inter-Integrated Circuit bus)。该总线具有接口线少、通信效率高等特点。总线的传输速率为 100(标准)～400 kbps(快速)。

5.4.1　I²C 协议介绍

I²C 是同步串行的半双工二线制双向总线。I²C 协议规定,主设备每传输一个字节的数据,接收设备都要返回一个应答信号,以确定数据传送是否被对方接收。应答信号由接收设备产生,在 SCL 信号为高电平期间,接收设备将 SDA 线拉低,表示数据传送正确而产生应答。I²C 具体传输时序如图 5.26 所示。

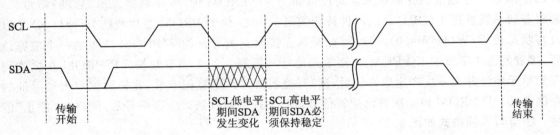

图 5.26　I²C 数据传输时序

为了保证数据可靠地传输,任何时刻,总线只能由一个主机来控制。开始和停止条件均由主控制器产生,从控制器不能主动发起数据的传输或者停止。当 SCL 为高电平时,SDA 由高电平变为低电平,认为是总线开始条件;当 SCL 为低电平时,SDA 由低电平变为高电平,认为是总线停止条件。因此,SDA 数据线只能在 SCL 低电平期间进行变换,在 SCL 高电平期间必须保持稳定,否则总线就认为是开始或者停止条件。也就是说,在出现"启动"信号后,当时钟线(SCL)为高电平状态时,数据线(SDA)是稳定的,这时数据线状态就是要开始传送数据了。数据线上数据的改变必须在时钟线为低电平期间完成,每位数据均占用一个时钟周期。

每个正在接收数据的 I²C 设备在接到一个字节的数据后,通常都需要发出一个应答信号。而每个正在发送数据的 I²C 设备在发出一个字节的数据后,通常都需要接收一个应答信号。

5.4.2　I²C 应用举例

I²C 总线的应用非常广泛,在进行 FPGA 设计时,经常需要与外围提供 PC 接口的芯片通信。虽然市场上有专用 I²C 总线接口芯片,但是普遍存在地址可选范围小、性能指标固定等缺点。根据 I²C 总线的电气特性及其通信协议,用 Microsemi FPGA 可以便捷地实现 I²C 总线的通信接口,且具有高速、灵活等特点,还可以大大减小 PCB 面积,降低系统成本。

下面以 Microsemi FPGA 模拟 I²C 主机对串行的 E²PROM 进行读/写为例,介绍 I²C 总线的 FPGA 实现方法。本例程已经在 Microsemi FPGA 中进行了验证。

1. 串行 E²PROM 简介

串行 E²PROM 是一种串行可电擦除的、可编程的随机读/写存储器。它一般具有两种写入方式,一种是字节写入方式,另一种是页写入方式。它允许在一个写周期内同时对一个字节到一页的若干字节进行编程写入。一页的大小取决于芯片内页寄存器的大小,不同公司同一种类型存储器内页寄存器的大小可能是不一样的。为了让读者更易理解,在这里只编写串行 E²PROM 一个字节写入和读出方式的 Verilog HDL 行为模型代码。串行 E²PROM 读/写控制器的 Verilog HDL 模型也只是字节读/写方式的可综合模型。对于页写入和读出方式,建议读者参考有关书籍或者器件的数据手册,自行改写程序。

2. 串行 E²PROM 的读/写操作

(1) 串行 E²PROM 的写操作

串行 E²PROM 的写操作(字节编程方式)就是通过读/写控制器把 1 字节数据发送到 E²PROM 中指定地址的存储单元。其过程如下:E²PROM 读/写控制器发出"启动"信号后,紧跟着向总线发送 4 位 I²C 总线器件特征编码 1010、3 位 E²PROM 芯片地址/页地址 XXX 以及写状态位 R/W(R/W＝0)。读/写控制器在接收到被寻址的 E²PROM 产生的一个应答位后,接着发送 1 字节的 E²PROM 存储单元地址和要写入的 1 字节数据。E²PROM 在接收到存储单元地址并又一次产生应答位后,读/写控制器才发送数据字节,并把数据写入被寻址的存储单元。E²PROM 再一次发出应答信号,读/写控制器收到此应答信号后,便产生"停止"信号。字节写入帧格式如图 5.27 所示。

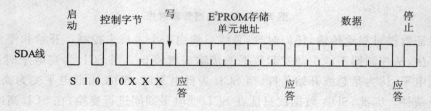

图 5.27　字节写入帧格式

(2) 串行 E²PROM 的读操作

E²PROM 的读操作即通过过/写控制器读取 E²PROM 中指定地址的存储单元中的 1 字节数据。串行 E²PROM 的读操作为:首先读/写控制器发送一个"启动"信号和控制字节(包括页面地址和写控制位)到 E²PROM,再通过写操作设置 E²PROM 存储单元地址(注意:虽然是读操作,但需要先写入地址指针的值)。在此期间,E²PROM 会产生必要的应答位,接着读/

写控制器重新发送另一个"启动"信号和控制字节(包括页面地址和读控制位 R/W＝1)，E^2PROM 收到后发出应答信号。然后，要寻址存储单元的数据就从 SDA 线上输出。读操作有 3 种形式，分别是读当前地址存储单元的数据、读指定地址存储单元的数据、读连续存储单元的数据。在这里只介绍读指定地址存储单元数据的操作。读指定地址存储单元数据的帧格式如图 5.28 所示。

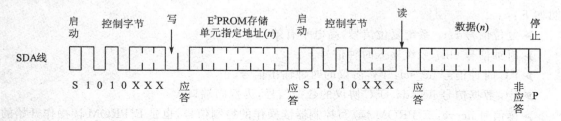

图 5.28　读指定地址存储单元数据的帧格式

5.4.3　具体实现

1. E^2PROM 结构框图

图 5.29 是 E^2PROM 读/写控制器的结构框图。从图中可以看到，读/写控制器的结构包括两大部分，分别为控制时序电路和开关组合电路。控制时序电路又分为 6 个模块，分别是 E^2PROM 读/写控制模块、I^2C 数据发送模块、I^2C 数据读取模块、I^2C 启动模块、I^2C 停止模块、I^2C 时钟产生模块。开关组合电路在控制时序电路的控制下，按照设计的要求有节奏地打开或闭合，这样 SDA 可以按 I^2C 数据总线的格式输出或输入数据，与 SCL 一起完成 E^2PROM 的读/写操作。

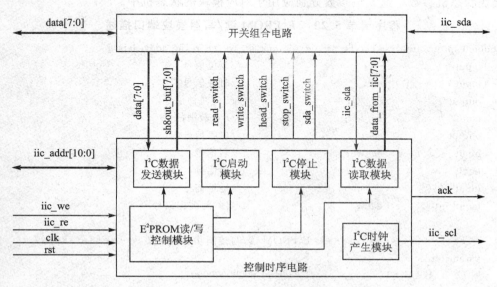

图 5.29　E^2PROM 读/写控制器的结构框图

E^2PROM 读/写控制器的程序是一个可综合的 E^2PROM 读/写控制器模型，它接收来自信号源模型(图中未画)产生的读信号 iic_re、写信号 iic_we、并行地址信号 iic_addr[10:0]、并行数据信号 data[7:0]，并把它们转换为相应的串行信号，发送到串行 E²PROM 的行为模型（图中未画）中。因为它是一个真正可用的行为模块，所以它不但要正确无误地仿真，还要能综合成门级网表。

2. E²PROM 控制器模块端口描述

E²PROM 读/写控制器的模块端口描述见程序清单 5.20。对该模块端口中的信号具体说明如下：

> 复位信号 rst：系统复位信号，高电平有效。
> 时钟信号 clk：系统输入时钟信号。
> I²C 时钟信号 iic_scl：I²C 协议的时钟输出信号。
> I²C 数据信号 iic_sda：I²C 协议的数据信号，为双向端口。
> 读信号 iic_re：E²PROM 读/写控制器读操作的控制信号，也是 E²PROM 读操作开始的标志信号，为高电平有效。
> 写信号 iic_we：E²PROM 读/写控制器写操作的控制信号，也是 E²PROM 写操作开始的标志信号，为高电平有效。
> 应答信号 ack：E²PROM 完成一次读/写操作的应答信号。
> 地址信号 iic_addr：E²PROM 的地址信号。
> 读/写数据信号 data：对 E²PROM 的进行读/写操作时的数据信号，为双向端口。若对 E²PROM 进行写操作，数据信号 data 为输入状态；若进行读操作，当 ack 信号有效时，数据信号 data 为输出状态。

在程序清单 5.20 中定义了 5 组状态机的参数，分别是 E²PROM 读/写控制状态机参数、I²C 数据发送模块状态机参数、I²C 数据读取模块状态机参数、I²C 启动模块状态机参数、I²C 停止模块状态机参数。这 5 组参数分别应用于对应模块的状态机中。

程序清单 5.20　　E²PROM 读/写器模块端口描述

```
module e2prom_ctrl (rst,clk,iic_scl,iic_sda,ack,iic_we,iic_re,iic_addr,data);
    input            rst;                        //复位信号
    input            clk;                        //时钟信号
    output           iic_scl;                    //I²C 时钟信号
    inout            iic_sda;                    //I²C 数据信号
    output           ack;                        //应答信号
    input            iic_we;                     //写信号
    input            iic_re;                     //读信号
    input[10:0]      iic_addr;                   //地址信号
    inout[7:0]       data;                       //读/写数据信号


    // ************************E²PROM 读/写控制状态机定义 ****************
    parameter
            IDLE_ST              =11'b00000000001,
            READY_ST             =11'b00000000010,
            WRITE_START_ST       =11'b00000000100,
            CTRL_WRITE_ST        =11'b00000001000,
            ADDR_WRITE_ST        =11'b00000010000,
```

```
        DATA_WRITE_ST           =11'b00000100000,
        READ_START_ST           =11'b00001000000,
        CTRL_READ_ST            =11'b00010000000,
        DATA_READ_ST            =11'b00100000000,
        STOP_ST                 =11'b01000000000,
        NOT_ACK_ST              =11'b10000000000;
// ********************I²C 数据发送模块状态机定义 ********************
parameter
        SH8OUT_BIT7_ST          =9'b000000001,
        SH8OUT_BIT6_ST          =9'b000000010,
        SH8OUT_BIT5_ST          =9'b000000100,
        SH8OUT_BIT4_ST          =9'b000001000,
        SH8OUT_BIT3_ST          =9'b000010000,
        SH8OUT_BIT2_ST          =9'b000100000,
        SH8OUT_BIT1_ST          =9'b001000000,
        SH8OUT_BIT0_ST          =9'b010000000,
        SH8OUT_END_ST           =9'b100000000;
// ********************I²C 数据读取模块状态机定义 ********************
parameter
        SH8IN_BEGIN_ST          =10'b0000000001,
        SH8IN_BIT7_ST           =10'b0000000010,
        SH8IN_BIT6_ST           =10'b0000000100,
        SH8IN_BIT5_ST           =10'b0000001000,
        SH8IN_BIT4_ST           =10'b0000010000,
        SH8IN_BIT3_ST           =10'b0000100000,
        SH8IN_BIT2_ST           =10'b0001000000,
        SH8IN_BIT1_ST           =10'b0010000000,
        SH8IN_BIT0_ST           =10'b0100000000,
        SH8IN_END_ST            =10'b1000000000;
// ********************I²C 启动模块状态机定义 ********************
parameter
        START_BEGIN_ST          =3'b001,
        START_BIT_ST            =3'b010,
        START_END_ST            =3'b100,
// ********************I²C 停止模块状态机定义 ********************
        STOP_BEGIN_ST           =3'b001,
        STOP_BIT_ST             =3'b010,
        STOP_END_ST             =3'b100;
parameter
        YES     =1,
        NO      =0;
    //模块 1
    // ⋮
    //模块 n
endmodule
```

3. 开关组合电路模块

开关组合电路模块是纯组合逻辑电路,整个模块分别由读开关信号 read_switch、写开关信号 write_switch、I^2C 数据开关信号 sda_switch、启动开关信号 head_switch 和停止开关信号 stop_switch 这 5 个信号,来控制 I^2C 数据信号 sda 的输出和 I^2C 读取到的数据信号 data 的输出。开关组合电路的示意图如图 5.30 所示。

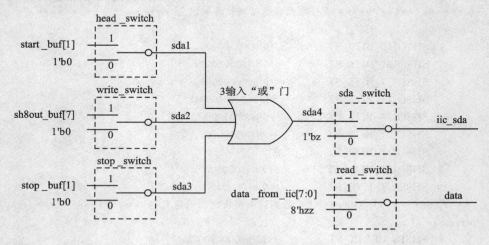

图 5.30　开关组合电路示意图

该模块的程序如程序清单 5.21 所示。

程序清单 5.21　开关组合电路模块程序

reg[7:0]	data_from_iic;	//E²PROM 读寄存器
reg	sda_switch;	//sda 数据切换开关
reg	read_switch;	//I²C 读操作开关
reg	head_switch;	//启动信号开关
reg	write_switch;	//I²C 写操作开关
reg	stop_switch;	//停止信号开关
wire	sda1,sda2,sda3,sda4;	//sda 数据
assign sda1	=(head_switch) ? start_buf[1] : 1'b0;	//输出启动信号
assign sda2	=(write_switch) ? sh8out_buf[7] : 1'b0;	//输出数据信号
assign sda3	=(stop_switch) ? stop_buf[1] : 1'b0;	//输出停止信号
assign sda4	=(sda1 | sda2 | sda3);	//合成 sda 信号
assign iic_sda	=(sda_switch) ? sda4 : 1'bz;	//输出 sda 信号
assign data	=(read_switch) ? data_from_iic : 8'hzz;	//输出读取到 I²C 的数据

4. I^2C 时钟产生模块

I^2C 时钟产生模块是一个最简单的模块,它只需要在系统时钟的下降沿到来时自身翻转产生 I^2C 时钟即可。需要说明的是,I^2C 时钟 iic_scl 是系统时钟 clk 的二分频,如程序清单 5.22 所示。

程序清单 5.22   I²C 时钟产生模块程序

```
reg     iic_scl;                        //I²C 串行时钟线

always @(negedge clk or posedge rst)
    if(rst)
        iic_scl <= 0;
    else
        iic_scl <= ~iic_scl;            //产生 I²C 的时钟
```

5. E²PROM 读 / 写控制模块

E²PROM 读/写控制模块是整体设计的一个核心模块,它采用同步有限状态机(FSM)的设计方法实现。E²PROM 读/写控制模块的程序实际上是一个嵌套的状态机,由读/写控制模块的状态机和各个小模块的状态机构成功能较复杂的有限状态机,这个有限状态机只使用一个时钟 clk 驱动。需要说明的是,程序中使用的状态机采用独热编码,若要改变状态编码,只需改变程序中的参数定义即可。在模块端口描述中已经定义了各个状态机的参数,如程序清单 5.20 所示。

根据串行 E²PROM 的读/写操作时序可知,用 5 个状态时钟可以完成写操作,用 7 个状态时钟可以完成读操作。由于读/写操作的状态中有几个状态是一致的,因此使用一个嵌套的状态机来简化设计。E²PROM 读/写控制模块的状态转移图如图 5.31 所示。

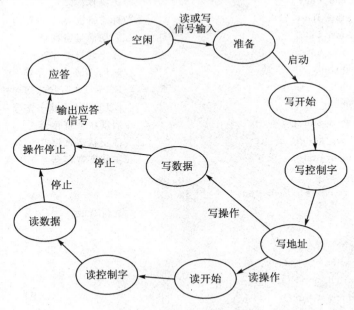

图 5.31   E²PROM 读/写控制模块的状态转移图

E²PROM 读/写控制模块的程序使用了 Verilog HDL 语法中的任务(task)方式设计,在主状态机中调用各个任务来完成读/写操作。使用任务方式设计,可以把一个很大的程序模块分解成很多个小任务,便于理解和调试。

由于 E²PROM 读/写控制模块的程序比较庞大,为了便于程序的分析,把整个模块的程序拆分成多个小程序进行分析,第一部分程序见程序清单 5.23。

　　该部分程序主要对主状态机控制的信号进行复位操作,包括开关组合模块的开关信号、读/写控制标志位、各个状态机的初始状态位、I²C 发送缓冲区等信号。另外,该部分程序还给出了主状态机下的"空闲"状态 IDLE_ST。在"空闲"状态下,程序处于不停地检测写控制信号 iic_we 和读控制信号 iic_re 是否有效。如果检测到其中一个信号有效(高电平),就置相关的读/写控制标志位 read_flag 或 write_flag 有效,并让主状态机跳转到"准备"状态 READY_ST,如图 5.32 所示。

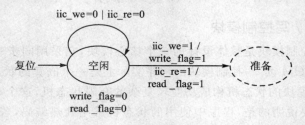

图 5.32　"空闲"状态转移图

程序清单 5.23　　E²PROM 读/写控制模块程序 1

```
reg              ack;                       //应答信号
reg              write_flag;                //写操作标志
reg              read_flag;                 //读操作标志
reg              state_flag;                //标志寄存器
reg[1:0]         start_buf;                 //启动信号寄存器
reg[1:0]         stop_buf;                  //停止信号寄存器
reg[7:0]         sh8out_buf;                //E²PROM 写寄存器
reg[8:0]         sh8out_state;              //E²PROM 写状态寄存器
reg[9:0]         sh8in_state;               //E²PROM 读状态寄存器
reg[2:0]         start_state;               //启动状态寄存器
reg[2:0]         stop_state;                //停止状态寄存器
reg[10:0]        main_state;                //主状态寄存器

always @ (posedge clk or posedge rst)
    if(rst)                                 //复位有效
    begin
        read_switch  <=NO;
        write_switch <=NO;
        head_switch  <=NO;
        stop_switch  <=NO;
        sda_switch   <=NO;
        ack <=0;
        read_flag  <=0;
        write_flag <=0;
        state_flag <=0;
        main_state <=IDLE_ST;
        sh8in_state <=SH8IN_BEGIN_ST;
```

```
        stop_state <=STOP_BEGIN_ST;
        data_from_iic <=8'd0;
end
else
begin
    casex(main_state)
        IDLE_ST:                          //空闲状态
        begin
            read_switch <=NO;
            write_switch <=NO;
            head_switch <=NO;
            stop_switch <=NO;
            sda_switch <=NO;
            if(iic_we)                    //判断是否写数据
            begin
                write_flag <=1;           //写操作标志有效
                main_state <=READY_ST ;
            end
            else if(iic_re)               //判断是否读数据
            begin
                read_flag <=1;            //读操作标志有效
                main_state <=READY_ST ;
            end
            else
            begin
                write_flag <=0;
                read_flag <=0;
                main_state <=IDLE_ST;
            end
        end
    end
```

E^{2}PROM 读/写控制模块第二部分程序的状态转移图如图 5.33 所示。该部分程序包括
"准备"状态 READY_ST 和"写开始"状态 WRITE_START_ST。在"准备"状态中,主要是初
始化相关的信号,包括所有的开关信号 read_switch、write_switch、stop_switch、head_switch、
sda_switch,并且对启动信号寄存器 start_buf 和停止信号寄存器 stop_buf 进行初始化。最后
是初始化标志寄存器 state_flag、应答信号 ack 和 I^{2}C 启动状态机的寄存器 start_state。准备
状态只执行一个时钟周期就跳转到"写开始"状态 WRITE_START_ST。

在"写开始"状态 WRITE_START_ST 中,先判断标志寄存器 state_flag 的值,如果为 0
就执行任务 shift_head。当执行完 shift_head 任务后,标志寄存器 state_flag 的值为 1。当检
测到 state_flag 的值为 1 时,就初始化 I^{2}C 发送缓存器的值 sh8out_buf、启动开关信号 head_
switch、写开关信号 write_switch、标志寄存器 state_flag 和 E^{2}PROM 写数据状态机寄存器
sh8out_state,最后跳转到下一个"写控制字"状态 CTRL_WRITE_ST。E^{2}PROM 读/写控制
模块的第二部分程序如程序清单 5.24 所示。

需要注意的是,在"写开始"状态中调用了任务 shift_head,该任务是完成 I^{2}C 时序中输出

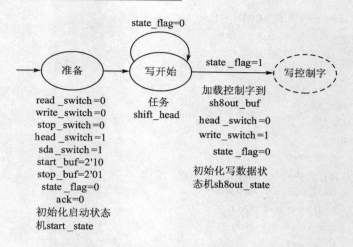

图 5.33 "准备"状态和"写开始"状态转移图

启动信号的功能。由于在后续模块分析中,把任务 shift_head 进行单独分析,因此在这里不进行详细分析。程序调用任务 shift_head 相当于在把 shift_head 的程序模块整体插入到程序中。但是由于主状态机程序比较庞大,为了将程序模块化,才引用任务的方式设计。

程序清单 5.24 E²PROM 读/写控制模块程序 2

```
READY_ST:                              //"准备"状态
begin
    read_switch <= NO;
    write_switch <= NO;
    stop_switch <= NO;
    head_switch <= YES;                //I²C 启动信号开关有效
    sda_switch <= YES;                 //I²C 数据开关有效
    start_buf[1:0] <= 2'b10;           //I²C 启动信号寄存器初始化
    stop_buf[1:0] <= 2'b01;            //I²C 停止信号寄存器初始化
    start_state <= START_BEGIN_ST;
    state_flag  <= 0;
    ack <= 0;
    main_state <= WRITE_START_ST;
end
WRITE_START_ST:                        //"写开始"状态
begin
    if(state_flag == 0)
        shift_head;                    //调用 shift_head 的任务,完成 I²C 启动信号输出
    else
    begin                              //初始化 I²C 发送寄存器,先发送 I²C 的控制字
        sh8out_buf[7:0] <= {4'b1010,iic_addr[10:8],1'b0};  //加载控制字,写操作
        head_switch <= NO;             //I²C 启动信号开关无效
        write_switch <= YES;           //写开关有效,开始发送数据
        state_flag <= 0;
        sh8out_state <= SH8OUT_BIT6_ST;
```

```
            main_state <=CTRL_WRITE_ST;
    end
end
```

E²PROM 读/写控制模块第三部分程序的状态转移图如图 5.34 所示。从图中可以看到，"写控制字"状态 CTRL_WRITE_ST 和"写地址"状态 ADDR_WRITE_ST 的功能基本相同，它们都是调用任务 shift8_out 来完成发送一个 8 位数据的功能。

图 5.34　"写控制字"状态和"写地址"状态转移图

两者之间的差异在于，"写地址"状态 ADDR_WRITE_ST 完成后需要判断当前的读/写控制标志位 read_flag 和 write_flag。如果写控制标志位 write_flag 有效，则初始化标志寄存器 state_flag，加载 I²C 发送缓存器 sh8out_buf 的值，以及初始化 E²PROM "写数据"状态机寄存器 sh8out_state，然后跳转到"写数据"状态 DATA_WRITE_ST；如果读标志位 read_flag 有效，则初始化 I²C 启动信号寄存器和启动状态机 start_state，然后跳转到"读开始"状态 READ_START_ST，准备重启 I²C 总线读取数据。E²PROM 读/写控制模块的第三部分程序如程序清单 5.25 所示。

程序清单 5.25　E²PROM 读/写控制模块程序 3

```
CTRL_WRITE_ST:                              //"写控制字"状态
    if(state_flag==0)
        shift8_out;                         //调用 shift8_out 任务,完成 I²C 发送控制字
    else
    begin
        sh8out_state <=SH8OUT_BIT7_ST;
        sh8out_buf[7:0] <=iic_addr[7:0];    //加载地址到发送缓冲区
        state_flag <=0;
        main_state <=ADDR_WRITE_ST;
    end
ADDR_WRITE_ST:                              //"写地址"状态
begin
    if(state_flag==0)
        shift8_out;                         //调用 shift8_out 任务,完成 I²C 发送地址
    else
    begin
```

```
            state_flag <=0;
            if(write_flag)                          //当前操作是写 E²PROM
            begin
                sh8out_state <=SH8OUT_BIT7_ST;
                sh8out_buf[7:0] <=data;             //加载数据到发送缓冲区
                main_state <=DATA_WRITE_ST;
            end
            if(read_flag)                           //当前操作是读 E²PROM
            begin
                start_buf <=2'b10;                  //加载 I²C 启动信号寄存器
                start_state <=START_BEGIN_ST;
                main_state <=READ_START_ST;
            end
        end
    end
end
```

E²PROM 读/写控制模块第四部分程序的状态转移图如图 5.35 所示。该部分程序比较简单,程序实现的功能是在"写数据"状态 DATA_WRITE_ST 中调用任务 shift8_out 来完成发送一个 8 位的数据。在标志寄存器 state_flag 为 0 时,调用 shift8_out 来完成数据的发送。当完成数据发送后,state_flag 的值在任务 shift_out 中置位为 1。当程序检测到 state_flag 为 1 时,初始化停止状态机 stop_state、state_flag 和写开关信号 write_switch,最后跳转到"操作停止"状态 STOP_ST。

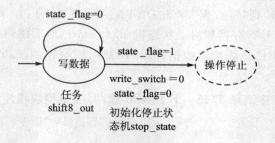

图 5.35 "写数据"状态转移图

E²PROM 读/写控制模块的第四部分程序如程序清单 5.26 所示。

程序清单 5.26 E²PROM 读/写控制模块程序 4

```
DATA_WRITE_ST:                                  //"写数据"状态
begin
    if(state_flag==0)
        shift8_out;                             //调用 shift8_out 任务,完成 I²C 发送数据
    else
    begin
        stop_state <=STOP_BEGIN_ST;
        main_state <=STOP_ST;                   //写操作完成,转到"操作停止"状态
        write_switch <=NO;
        state_flag <=0;
```

```
        end
    end
```

E^{2}PROM 读/写控制模块第五部分程序的状态转移图如图 5.36 所示。E^{2}PROM 的读操作比写操作稍微复杂一些,在图 5.34 的"写地址"状态 ADDR_WRITE_ST 完成后,需要重新启动 I^{2}C 总线,再次给出控制字后,才读取 E^{2}PROM 的数据,而写操作只需要一个状态即可写入数据。

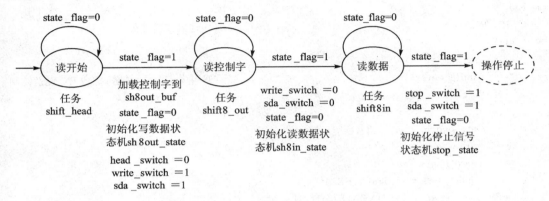

图 5.36　"读开始"、"读控制字"和"读数据"状态转移图

从状态图 5.36 中可以看出,在写完地址后,就进入"读开始"状态 READ_START_ST。"读开始"状态是调用任务 shift_head 来重新启动 I^{2}C 的总线。当完成给出启动信号后,任务 shift_head 会将状态标志位 state_flag 置 1;然后当程序检测到状态标志位 state_flag 为 1 时,会初始化发送寄存器 sh8out_buf、状态标志位 state_flag、写数据状态机 sh8out_state,同时禁止启动开关信号 head_switch,使能写开关信号 write_switch 和 I^{2}C 数据开关信号 sda_switch,最后跳转到"读控制字"状态 CTRL_READ_ST。

在"读控制字"状态中,首先也是调用任务 shift8_out 写入读控制字。完成写入控制字后,就禁止写开关信号 write_switch 和 I^{2}C 数据开关信号 sda_switch,并且初始化读数据状态机 sh8in_state,最后跳转到"读数据"状态 DATA_READ_ST。

在"读数据"状态中,首先调用任务 shift8in 读取数据。完成读取数据后,任务 shift8in 会将状态标志位 state_flag 置 1,然后再使能停止开关信号 stop_switch、I^{2}C 数据信号 sda_switch,禁止状态标志位 state_flag,同时初始化停止信号状态机 stop_state,最后跳转到"操作停止"状态 STOP_ST。

E^{2}PROM 读/写控制模块的第五部分程序如程序清单 5.27 所示。

程序清单 5.27　E^{2}PROM 读/写控制模块程序 5

```
READ_START_ST:                              //"读开始"状态
begin
    if(state_flag==0)
        shift_head;                         //发送 I²C 的启动信号
    else
    begin
        sh8out_buf<={4'b1010,iic_addr[10:8],1'b1};//加载控制字,读操作
```

```
                head_switch  <=NO;
                sda_switch   <=YES;              //I²C 数据开关信号有效
                write_switch <=YES;              //写数据开关有效
                state_flag   <=0;
                sh8out_state <=SH8OUT_BIT6_ST;
                main_state   <=CTRL_READ_ST;
            end
        end
        CTRL_READ_ST:                            //"读控制字"状态
        begin
            if(state_flag==0)
                shift8_out;                      //调用 shift8_out 任务,完成 I²C 发送控制字
            else
            begin
                sda_switch   <=NO;
                write_switch <=NO;
                state_flag   <=0;
                sh8in_state  <=SH8IN_BEGIN_ST;
                main_state   <=DATA_READ_ST;
            end
        end
        DATA_READ_ST:                            //"读数据"状态
        begin
            if(state_flag==0)
                shift8in;                        //调用 shift8in 任务,完成 I²C 读数据操作
            else
            begin
                stop_switch <= YES;              //I²C 停止开关信号有效
                sda_switch  <= YES;              //I²C 数据开关信号有效
                stop_state  <=STOP_BIT_ST;
                state_flag  <=0;
                main_state  <=STOP_ST;
            end
        end
    end
```

E²PROM 读/写控制模块第六部分程序的状态转移图如图 5.37 所示。该部分的状态转移相对比较简单,在"操作停止"状态 STOP_ST 中,调用 shift_stop 任务来完成 I²C 停止信号

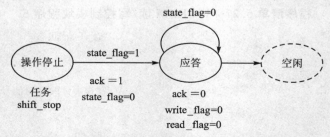

图 5.37　"操作停止"状态和"应答"状态转移图

发送的功能。在调用任务 shift_stop 完成后，置位状态标志位 state_flag。当程序检测到状态标志位 state_flag 有效时，使能应答信号 ack 并禁止状态标志位 state_flag，最后跳转到"应答"状态 NOT_ACK_ST。

在"应答"状态 NOT_ACK_ST 中，程序禁止应答信号 ack、写使能信号 write_flag、读使能信号 read_flag，一个时钟周期后返回"空闲"状态 IDLE_ST。

E^2 PROM 读/写控制模块的第六部分程序如程序清单 5.28 所示。

程序清单 5.28　E^2 PROM 读/写控制模块程序 6

```
STOP_ST:                              //"操作停止"状态
begin
    if(state_flag==0)
        shift_stop;
    else
    begin
        ack <=1;                      //完成一次 I²C 读/写操作,应答位有效
        state_flag  <=0;
        main_state<=NOT_ACK_ST;
    end
end
NOT_ACK_ST:                           //"应答"状态
begin
    ack<=0;                           //应答无效
    write_flag<=0;
    read_flag<=0;
    main_state <=IDLE_ST;             //返回"空闲"状态
end
default: main_state <=IDLE_ST;
    endcase
end
```

6. I²C 数据发送模块

I²C 数据发送模块是以一个任务的形式来设计的，而且任务里面是一个有限状态机。该状态机的功能也比较简单，它负责控制 I²C 数据开关信号 sda_switch、写开关信号 write_switch 和控制状态标志位 state_flag 的输出，并且对发送寄存器 sh8out_buf 进行移位输出。如图 5.38 所示为 I²C 数据发送模块的状态转移图。I²C 数据传输共有 9 位，其中 8 位是数据，另外一位是应答位，因此图 5.38 有 9 个状态。需要注意的是，"输出结束"状态是将 I²C 数据开关信号 sda_switch 和写数据开关禁止，这样 iic_sda 就可以接收从机的应答位。在程序设计中忽略了从机发送的第 9 位应答位。

程序清单 5.29 给出了 I²C 数据发送模块的程序，读者很容易根据状态图分析该程序。

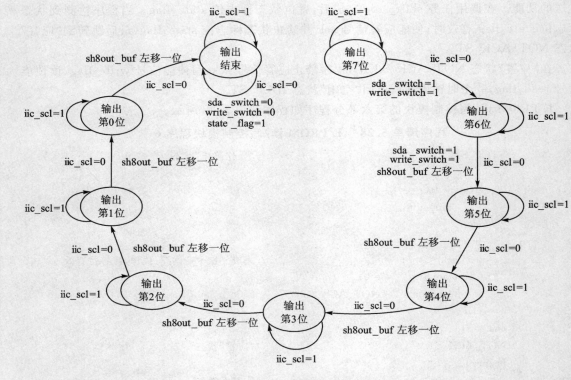

图 5.38 I²C 数据发送模块状态转移图

程序清单 5.29 I²C 数据发送模块程序

```
task shift8_out;
    begin
        casex(sh8out_state)
            SH8OUT_BIT7_ST:                              //串行数据"输出第 7 位"状态
            begin
                if(!iic_scl)
                begin
                    sda_switch <=YES;
                    write_switch <=YES;
                    sh8out_state<=SH8OUT_BIT6_ST;
                end
                else
                    sh8out_state <=SH8OUT_BIT7_ST;
            end
            SH8OUT_BIT6_ST:                              //串行数据"输出第 6 位"状态
            begin
                if(!iic_scl)
                begin
                    sda_switch <=YES;
                    write_switch <=YES;
```

```
                sh8out_state <=SH8OUT_BIT5_ST;
                sh8out_buf <=sh8out_buf<<1;              //将发送缓冲区左移 1 位
            end
            else
                sh8out_state <=SH8OUT_BIT6_ST;
    end
    SH8OUT_BIT5_ST:                                      //串行数据"输出第 5 位"状态
    begin
        if(!iic_scl)
        begin
                sh8out_state <=SH8OUT_BIT4_ST;
                sh8out_buf <=sh8out_buf<<1;
        end
        else
                sh8out_state <=SH8OUT_BIT5_ST;
    end
    SH8OUT_BIT4_ST:                                      //串行数据"输出第 4 位"状态
    begin
        if(!iic_scl)
        begin
                sh8out_state <=SH8OUT_BIT3_ST;
                sh8out_buf <=sh8out_buf<<1;
        end
        else
                sh8out_state <=SH8OUT_BIT4_ST;
    end
    SH8OUT_BIT3_ST:                                      //串行数据"输出第 3 位"状态
    begin
        if(!iic_scl)
        begin
                sh8out_state <=SH8OUT_BIT2_ST;
                sh8out_buf <=sh8out_buf<<1;
        end
        else
                sh8out_state<=SH8OUT_BIT3_ST;
    end
    SH8OUT_BIT2_ST:                                      //串行数据"输出第 2 位"状态
    begin
        if(!iic_scl)
        begin
                sh8out_state <=SH8OUT_BIT1_ST;
                sh8out_buf <=sh8out_buf<<1;
        end
        else
                sh8out_state <=SH8OUT_BIT2_ST;
```

```
                end
        SH8OUT_BIT1_ST:                            //串行数据"输出第 1 位"状态
        begin
            if(!iic_scl)
            begin
                sh8out_state <=SH8OUT_BIT0_ST;
                sh8out_buf   <=sh8out_buf<<1;
            end
            else
                sh8out_state <=SH8OUT_BIT1_ST;
        end
        SH8OUT_BIT0_ST:                            //串行数据"输出第 0 位"状态
        begin
            if(!iic_scl)
            begin
                sh8out_state <=SH8OUT_END_ST;
                sh8out_buf <=sh8out_buf<<1;
            end
            else
                sh8out_state <=SH8OUT_BIT0_ST;
        end
        SH8OUT_END_ST:
        begin
            if(!iic_scl)
            begin
                sda_switch <=NO;
                write_switch <=NO;
                state_flag <=1;
            end
            else
                sh8out_state <=SH8OUT_END_ST;
        end
        endcase
    end
endtask
```

7. I²C 数据读取模块

I²C 数据读取模块也是以一个任务的形式来设计的,而且任务里面同样是一个有限状态机。该状态机的功能与 I²C 数据发送模块的功能类似,主要负责读取 I²C 数据线 iic_sda 上的数据。由于 I²C 数据线 iic_sda 为高电平时数据保持稳定,因此需要在 iic_sda 为高电平时读取数据并保存到数据缓存 data_from_iic 的相应位中。同理,该状态机有 10 个状态,其中"开始输入"状态属于第一个状态,它在一个时钟后跳转到"输入第 7 位"的状态中,另外有 8 个状态是数据有效状态,最后一个状态是"输入结束"状态,如图 5.39 所示。

I²C 数据读取模块的程序如程序清单 5.30 所示。

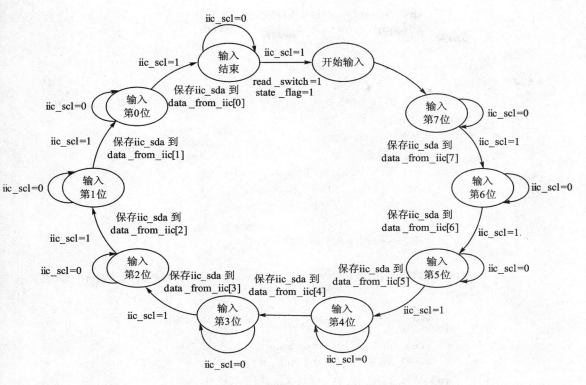

图 5.39 I²C 数据读取模块状态转移图

程序清单 5.30 I²C 数据读取模块程序

```
task shift8in;
    begin
        casex(sh8in_state)
            SH8IN_BEGIN_ST：
                sh8in_state <=SH8IN_BIT7_ST；
            SH8IN_BIT7_ST：                              //并行数据"输入第 7 位"状态
            begin
                if(iic_scl)
                begin
                    data_from_iic[7]<=iic_sda；          //接收 I²C 的高位数据
                    sh8in_state <=SH8IN_BIT6_ST；
                end
                else
                    sh8in_state <=SH8IN_BIT7_ST；
            end
            SH8IN_BIT6_ST：                              //并行数据"输入第 6 位"状态
            begin
                if(iic_scl)
                begin
                    data_from_iic[6] <=iic_sda；
```

```
                    sh8in_state<=SH8IN_BIT5_ST;
            end
            else
                    sh8in_state<=SH8IN_BIT6_ST;
        end
        SH8IN_BIT5_ST:                              //并行数据"输入第 5 位"状态
        begin
            if(iic_scl)
            begin
                data_from_iic[5]<=iic_sda;
                sh8in_state<=SH8IN_BIT4_ST;
            end
            else
                sh8in_state<=SH8IN_BIT5_ST;
        end
        SH8IN_BIT4_ST:                              //并行数据"输入第 4 位"状态
        begin
            if(iic_scl)
            begin
                data_from_iic[4]<=iic_sda;
                sh8in_state<=SH8IN_BIT3_ST;
            end
            else
                sh8in_state<=SH8IN_BIT4_ST;
        end
        SH8IN_BIT3_ST:                              //并行数据"输入第 3 位"状态
        begin
            if(iic_scl)
            begin
                data_from_iic[3]<=iic_sda;
                sh8in_state<=SH8IN_BIT2_ST;
            end
            else    sh8in_state<=SH8IN_BIT3_ST;
        end
        SH8IN_BIT2_ST:                              //并行数据"输入第 2 位"状态
        begin
            if(iic_scl)
            begin
                data_from_iic[2]<=iic_sda;
                sh8in_state<=SH8IN_BIT1_ST;
            end
            else    sh8in_state<=SH8IN_BIT2_ST;
        end
        SH8IN_BIT1_ST:                              //并行数据"输入第 1 位"状态
        begin
```

```
            if(iic_scl)
            begin
                data_from_iic[1] <=iic_sda;
                sh8in_state <=SH8IN_BIT0_ST;
            end
            else     sh8in_state <=SH8IN_BIT1_ST;
        end
        SH8IN_BIT0_ST:                         //并行数据"输入第 0 位"状态
        begin
            if(iic_scl)
            begin
                data_from_iic[0] <=iic_sda;
                sh8in_state <=SH8IN_END_ST;
            end
            else    sh8in_state <=SH8IN_BIT0_ST;
        end
        SH8IN_END_ST:
        begin
            if(iic_scl)
            begin
                read_switch <=YES;
                state_flag <=1;
                sh8in_state <=SH8IN_BIT7_ST;
            end
            else    sh8in_state <=SH8IN_END_ST;
        end
        default:
        begin
            read_switch <=NO;
            sh8in_state <=SH8IN_BIT7_ST;
        end
    endcase
end
endtask
```

8. I²C 启动模块

I^2C 启动模块同样是以一个任务的形式来设计的。该模块使用有限状态机的方式设计,主要功能是产生 I^2C 的启动信号。图 5.40 为 I^2C 启动模块状态转移图,启动模块的状态机有 3 个状态,分别为"开始"状态、"启动位"状态和"结束"状态。从 I^2C 协议可知,当 iic_scl 为高电平时,iic_sda 为下降沿表示总线启动一次传输。在"开始"状态,如果 iic_scl 为低电平,那么禁止写开关信号 write_switch,使能启动开关信号 head_switch 和 I^2C 数据开关信号 sda_switch,这样可启动一次传输。在传输开始时,启动信号寄存器 start_buf 原来的值为 2'b10,这是由 E^2PROM 读/写控制模块的主状态机初始化得到的。在"启动位"状态,当检测到 iic_scl 为高电平时,置位状态标志 state_flag,并执行启动信号寄存器 start_buf 左移一位的操作,此时,start_buf 的值为 2'b00。由开关组合电路模块可知,start_buf[1]输出为 1'b0,此时iic_sda 为低电平,符合在 iic_scl 为高电平时,iic_sda 为下降沿的时序,因此启动 I²C 一次传输操作。"结束"状态是在 I²C 为低电平时,使能写开关信号 write_switch 并禁止启动开关信号 head_switch,为发送数据作准备。

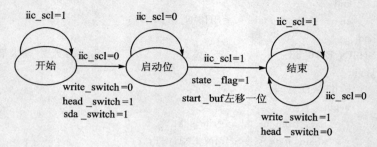

图 5.40　I²C 启动模块状态转移图

I²C 启动模块的程序如程序清单 5.31 所示。

程序清单 5.31　I²C 启动模块程序

```
task shift_head;
    begin
        casex(start_state)
            START_BEGIN_ST:                              //启动"开始"状态
            begin
                if(!iic_scl)
                begin
                    write_switch <=NO;
                    sda_switch <=YES;
                    head_switch <=YES;
                    start_state <=START_BIT_ST;
                end
                else
                    start_state <=START_BEGIN_ST;
            end
            START_BIT_ST:                                //"启动位"状态
            begin
                if(iic_scl)
                begin
                    state_flag <=1;
                    start_buf <=start_buf<<1;            //启动信号缓冲区左移一位
                    start_state <=START_END_ST;
                end
                else
                    start_state <=START_BIT_ST;
            end
            START_END_ST:                                //启动"结束"状态
            begin
```

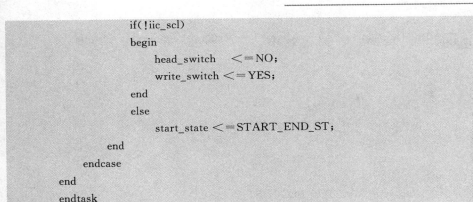

```
            if(!iic_scl)
            begin
                head_switch    <=NO;
                write_switch <=YES;
            end
            else
                start_state <=START_END_ST;
        end
    endcase
end
endtask
```

9. I²C 停止模块

I²C 停止模块同样是以一个任务的形式来设计的。该模块使用有限状态机的方式设计，主要功能是产生 I²C 的停止信号。

如图 5.41 所示为 I²C 停止模块状态转移图。停止模块的状态机也同样有 3 个状态，分别为"开始"状态、"停止位"状态和"结束"状态。从 I²C 协议可知，当 iic_scl 为高电平时，iic_sda 为上升沿表示总线结束一次传输。

在"开始"状态中，如果 iic_scl 为低电平，则禁止写开关信号 write_switch，使能停止开关信号 stop_switch 和 I²C 数据开关信号 sda_switch，准备停止一次传输。在停止传输状态的开始，停止信号寄存器 stop_buf 原来的值为 2'b01，这是由 E²PROM 读/写控制模块的主状态机初始化得到的。在"停止位"状态，当检测到 iic_scl 为高电平时，执行停止信号寄存器 start_buf 左移一位的操作，此时，start_buf 的值为 2'b10。由开关组合电路模块可知，start_buf[1]输出为 1'b1，此时 iic_sda 由低电平变为高电平，符合在 iic_scl 高电平时，iic_sda 为上升沿的时序，因此结束 I²C 一次传输操作。"结束"状态是在 I²C 为低电平时，置位状态标志 state_flag，并且禁止启动开关信号 head_switch、停止开关信号 stop_switch 和 I²C 数据开关信号，此时结束 I²C 传输。

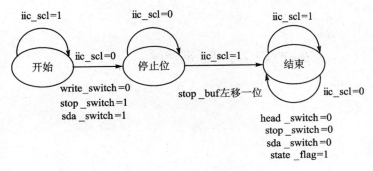

图 5.41　I²C 停止模块状态转移图

I²C 停止模块的程序如程序清单 5.32 所示。

程序清单 5.32　I²C 停止模块程序

```
task shift_stop;
    begin
```

```
                casex(stop_state)
                    STOP_BEGIN_ST:                          //开始"停止位"状态
                    begin
                        if(!iic_scl)
                        begin
                            sda_switch <= YES;
                            write_switch <= NO;
                            stop_switch <= YES;
                            stop_state <= STOP_BIT_ST;
                        end
                        else stop_state <= STOP_BEGIN_ST;
                    end
                    STOP_BIT_ST:                             //"停止位"状态
                    begin
                        if(iic_scl)
                        begin
                            stop_buf <= stop_buf << 1;       //停止信号缓冲区左移一位
                            stop_state <= STOP_END_ST;
                        end
                        else
                            stop_state <= STOP_BIT_ST;
                    end
                    STOP_END_ST:                             //停止位"结束"状态
                    begin
                        if(!iic_scl)
                        begin
                            head_switch <= NO;
                            stop_switch <= NO;
                            sda_switch <= NO;
                            state_flag <= 1;
                        end
                        else
                            stop_state <= STOP_END_ST;
                    end
                endcase
            end
        endtask
```

10. 小　结

　　E^2PROM 读/写控制器程序采用同步有限状态机(FSM)的设计方法实现。程序实质上是一个嵌套的状态机,由读/写控制模块的状态机和各个小模块的状态机构成功能较复杂的有限状态机。程序的状态机采用独热编码,若要改变状态编码,只需改变程序中的参数定义即可。读者可以通过模仿这一程序来编写较复杂的可综合 Verilog HDL 模块程序。这个设计已通过后仿真,可在 FPGA 上实现布局布线,并在芯片中运行。

第**6**章

DIY 创新应用设计

本章导读

广州周立功单片机科技有限公司于 2009 年在广州各大高校举行了广州赛区的第一届"FPGA DIY 创新设计大赛",超过 500 名学生参加了此次竞赛。大赛受到了广大学子的支持与认可。

DIY(Do It Yourself)意指自己动手,根据自己的意愿或设想,把自己的想法通过亲自动手而实现。Do it Yourself! 它代表着一种实践和创新精神,自己去实践,自己去体验,挑战自我,享受其中的快乐。有个性的人总喜欢创造与他人的不同,以差异性来体现自己的个性和价值,因此 DIY 的本质就是创新。创新意识是我们全民族,乃至全世界所提倡的一种精神,这也是社会进步的精神动力。学习 FPGA 技术同样需要创新意识和创新精神,同样需要 DIY。通过思考,把想法通过 DIY 去验证,去实践,然后再思考,再实践,这样一个反复的过程是锻炼个人思考和动手能力,最终成就个人价值的最佳方法。

本章将对 DIY 设计的案例进行详细分析,读者可按照 DIY 的创新精神进行验证和扩展。本章 DIY 创新设计的所有案例都由参赛学子在 EasyFPGA030 开发平台上成功实现,感兴趣的读者也可以使用广州周立功单片机科技有限公司的 TinyFPGA、EasyFPGA060、ProASIC3 StartKit 以及 Fusion StartKit 等开发套件实现自己的创新。

6.1 矩阵键盘管理设计

键盘作为人机界面信息交互的常用手段,是控制系统命令信息录入的主要工具,在工业控制和消费类电子中广泛应用。复杂的系统需要数目众多的键盘,而如何控制和管理这些功能繁杂的键盘成为设计的一大难题。如果采取每个按键都独立管理的方式,则会占用过多的芯片 I/O 资源,因此在键盘管理的现有方案中,大多会采用矩阵键盘管理方式。随着 FPGA 技术的快速发展,FPGA 更多地应用到电子设计中,利用 FPGA 对矩阵键盘进行管理,能充分发挥 FPGA 资源集成度高、I/O 引脚丰富等特点,使矩阵键盘管理更简单、更稳定。

本节介绍采用 Microsemi FPGA 设计一个矩阵式键盘的管理控制器。

6.1.1 设计任务

设计一个矩阵键盘管理模块,并将相应的结果显示在数码管上,功能框图如图 6.1 所示。

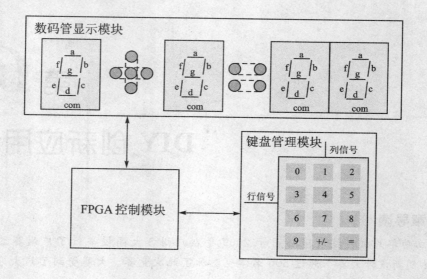

图 6.1　矩阵键盘管理功能框图

6.1.2　设计要求

矩阵键盘管理设计的具体要求如下：

➤ 焊接按键、数码管和 LED 灯等元器件，数码管要求采用动态扫描控制的方式进行控制。

➤ 矩阵键盘采用行 4 线、列 3 线分布，能够准确识别 12 个按键中的任意一个。

➤ 矩阵键盘中，数字键具有连击功能；"＋/－"、"0"和"＝"键为多功能按键；其中"＋/－"和"＝"符号用 LED 灯组合来表示；"＋/－"按一次为"＋"，按两次为"－"，同时在 LED 灯上显示运算符。

➤ 在按键有效之前，所有数码管和 LED 灯全部熄灭，按下按键时需要对其进行消抖处理，以读取稳定的按键状态。

➤ 运算操作能够实现 2 个 4 位数的加法或减法运算，显示的顺序是：加数/减数→加减运算符→被加数/被减数→等号→结果，如图 6.1 所示。

➤ 数字键盘有优先级关系，数字键 0 为最高优先级，其他数字键优先级依次降低。当同时按下多个数字键时，响应优先级高的按键操作。

➤ 数字键具有连击功能，如图 6.2 所示。当有效按键电平延迟 1 s 后，每隔 256 ms 左右，进入连击计数，最多连击 99 次，并在最后两个数码管显示出连击的次数。当数字键连击功能有效时，相应的数码管会闪烁显示；当"＝"按键有效时，清除连击数值，并显示运算结果。

➤ 完成一次运算演示后，利用组合键（"＝"和"0"）把所有显示清空，即所有数码管和 LED 灯都不显示。组合键有效按键顺序是：先按"＝"键，并按住不放，同时按下数字键"0"。

➤ 其他扩展功能请读者自行创新。

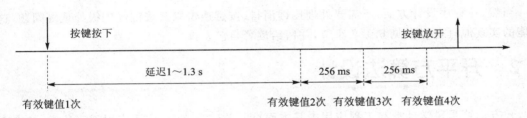

图 6.2　连击说明

6.1.3　实现原理

1. 硬件电路设计

硬件电路设计主要包括 FPGA 硬件电路和外围电路两部分。FPGA 硬件电路由 Easy FPGA030(也可用 TinyFPGA)开发平台构成,外围电路由数码管、LED 灯、按键等构成。采用一个 4 位共阳数码管组成 4 位数码管的显示模块,用于显示两个输入的运算数据和两位的运算结果。采用 5 个 LED 灯组成"＋"和"－"号,采用 4 个 LED 组成"＝"号。为使击键准确,同时采用软件消抖和硬件消抖。硬件消抖即扫描位置通过电容接地,滤除部分毛刺。

LED 的控制通过特殊按键"＋/－"和"＝"控制,并且可通过"＋/－"按键在加法和减法之间切换,LED 显示相应的符号。

2. 程序设计原理

本小节涉及的键盘管理设计,其最主要的原理就是动态扫描。套用现在显示器扫描的方式来讲,可将矩阵键盘的扫描方式分为"行扫描"和"列扫描"。两者的原理一致,习惯上使用行扫描的方式。

如图 6.3 所示为矩阵键盘的示意图,采用行扫描的方式对键盘进行扫描,扫描信号从行信号引脚输入,同时 FPGA 在列输出引脚进行监控。当某个按键按下时,对应的该列输出就是行信号输入的值。如图 6.4 所示为扫描信号的示意图,当列信号输出低电平时表示对应的按键有效。当然,要控制好这样的扫描方式,前提是需要确定人为按键操作的有效时间和扫描按键的频率之间的关系,确定适合的扫描脉冲频率。

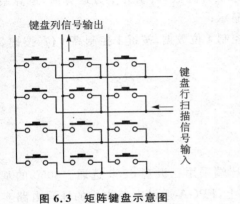

图 6.3　矩阵键盘示意图

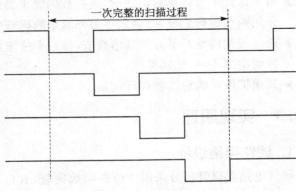

图 6.4　扫描信号示意图

当然,在程序设计方面,还需要处理按键消抖、按键连击以及按键优先级处理等问题,这些功能的实现原理可以参见 6.1.2 小节,并留给读者自己发挥。

6.2　开平方算法设计

开方运算是科学计算和工程应用中基本而重要的运算之一,广泛应用于三角学、二次方程求解、二维建模、误差计算、数值分析、概率统计、图像处理等领域。随着市场需求的增大,越来越多的系统中要求将开平方运算用硬件电路实现。

本节将介绍在 Microsemi FPGA 上实现开平方算法的设计,被开方数为 16 位二进制数。设计后期,对设计的效果与现有方案的效果(比如,一般的 EDA 工具提供的 LPM 宏函数的设计方法)进行对比后发现,使用 FPGA 实现开平方算法,具有速度快和占用资源少的优点。同时随着被开方数位数的增加,最高频率降幅不大,具有良好的实际应用价值。

6.2.1　设计任务

设计要求实现 16 位二进制开平方运算,通过按键 1、按键 2、按键 3、按键 4 调整开平方数的具体数值,再通过开平方功能键计算出结果和余数,将开平方值、结果和余数在数码管上显示。外围硬件示意图如图 6.5 所示。

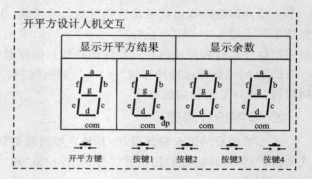

图 6.5　开平方算法外围硬件示意图

6.2.2　设计要求

➤ 焊接按键和数码管元器件,数码管要求采用动态扫描控制的方式控制;
➤ 完成数值为 $2n(n=1,2,3,\cdots)$ 的开平方运算;
➤ 完成任意整数的开平方运算;
➤ 每一次开平方运算启动之前,先在数码管上显示被开方数,启动开平方运算后,运算结果用两个数码管显示,余数用另外两个数码管显示;
➤ 通过按键调整开平方的具体数值,每一个按键控制 4 位数据,按键 1 控制高 4 位,按键 2 控制次高 4 位,依次类推;
➤ 其他扩展功能请读者自行创新。

6.2.3　实现原理

1. 硬件电路设计

硬件电路数码管部分采用 4 位共阴数码管,其位选端采用三极管 8050 选通。8050 的基极通过一个 4.7 kΩ 电阻分别接到 FPGA 的 4 个引脚上,FPGA 通过内部构成的译码电路实现对 7 个段选端的控制,每个段选端均通过 470 Ω 电阻与 FPGA 的 I/O 引脚相连。

对于键盘部分,将 FPGA 的 I/O 引脚通过 4.7 kΩ 电阻上拉到 3.3 V 电源,按键通过拉低

I/O 电平（接地）产生下降沿，通过 FPGA 内部电路实现对此下降沿的边沿检测。

2. 程序设计原理

开平方运算属于非线性运算，在硬件实现上无法采用传统的解析法来求解，而是采用由粗到细逐步求解进行迭代计算。常用的迭代开平方算法有以下几类：牛顿–莱福森算法（Newton-Raphson）、SRT 冗余算法（SRT redunant）、非冗余算法（non-reduant）、非可恢复算法（non-restoring）等。综合考虑各种算法的优劣，比较适合于在 FPGA 中实现的是非可恢复算法（non-restoring）。其特点是计算过程简单，结果准确，容易在硬件上实现，而且每次迭代都可以得到准确的结果。其具体实现方式如下：

假设被开平方数 D 用 16 位无符号的二进制数表示：

$$D_{15}D_{14}D_{13}D_{12}\cdots D_1 D_0$$

其十进制表示即为：

$$D_{15}\times 2^{15}+D_{14}\times 2^{14}+D_{13}\times 2^{13}+\cdots +D_1\times 2^1+D_0\times 2^0$$

由于每 2 位被开平方数，其平方根的整数部分为 1 位，所以对应 16 位被开平方数其平方根 Q 的整数部分二进制数 Q 为 8 位，用二进制数表示为：

$$Q=Q_7Q_6Q_5\cdots Q_1Q_0$$

余数为：

$$R=D-Q\times Q$$

其余数 R 最多有 9 位：

$$R=R_8R_7R_6\cdots R_1R_0$$

对于 R 最多有 9 位的理由如下：

由式

$$D=(Q\times Q+R)<(Q+1)\times(Q+1)$$

得

$$R<(Q+1)(Q+1)-Q\times Q=2Q+1$$

由于 R 为整数，所以 $R\leqslant 2Q$，这意味着余数最多比平方根多 1 位。

令：$q_k=Q_7Q_6\cdots Q_k$，共有 $(8-k)$ 位；$r_k=R_8R_7\cdots R_k$，共有 $(9-k)$ 位。当 $k=0$ 时，则有，$q_0=Q=Q_7Q_6\cdots Q_0$，$r_0=R=R_8R_7\cdots R_0$。

进行开平方运算的步骤如下：

第 1 步：初始化数据：$q_8=0$，$r_8=0$，$k=7$。

第 2 步：计算第 k 次迭代的 r_k 的值：

如果 $r_{k+1}\geqslant 0$，则 $r_k=r_{k+1}D_{2k+1}D_{2k}-q_{k+1}01$；

否则，$r_k=r_{k+1}D_{2k+1}D_{2k}-q_{k+1}11$。

第 3 步：计算第 k 次迭代的 q_k 的值：

如果 $r_k\geqslant 0$，则 $q_k=q_{k+1}1$（得到 $Q_k=1$）；

否则 $q_k=q_{k+1}0$（得到 $Q_k=0$）。

第 4 步：令 $k=k-1$，重复上述第 2 步和第 3 步进行迭代运算，直到 $k=0$ 为止。

最后得到的 r_k 和 q_k 即为最后的余数和平方根。当迭代到最后一次时，如果 $r_0<0$，则 $r_0=r+q_0 1$。

需要注意的是，这里的 $r_{k+1}D_{2k+1}D_{2k}$ 表示为 $r_{k+1}\times 2^2+D_{2k+1}\times 2^1+D_{2k}\times 2^0$，$q_{k+1}01$ 表示

为 $q_{k+1} \times 2^2 + 0 \times 2^1 + 1 \times 2^0$。

如果把被开方数的最低位后面补上 16 个 0，即把被开方数扩展到 32 位，继续上面的操作，即可得到带小数点的开方数，q 的高 8 位为整数部分，低 8 位为小数部分。

在这个算法中不需要乘法和加法，取而代之的是移位和拼接，这种处理方式更适合于在 FPGA 中实现。对于 n 位二进制数，需要 $n/2$ 次迭代，每次迭代需要 2 个时钟周期，故整个计算过程需 n 个时钟周期。图 6.6 给出了 n 位开方运算 FPGA 电路实现结构。

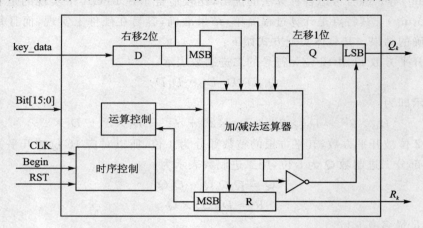

图 6.6　非冗余开方算法的电路实现

图 6.6 中，CLK 为工作时钟；RST 为异步复位信号；key_data 为输入的被开方数，被开方数的位宽为 16 位；Begin 为工作使能脉冲，由 Begin 脉冲将被开方数置于寄存器 D 中，在每次迭代中右移 2 位。寄存器 Q 保存平方根结果，在每次迭代中左移 1 位，寄存器为余数，另外需要一个 $n/2$ 位的加/减法器。当主模块调用开方运算模块时，向开方运算模块发出 Begin 信号；当开方运算模块收到 Begin 信号后，取出被开方数的位宽和被开方数，开始进行开方运算。当运算结束后，开方运算模块向显示模块发出显示信号，由显示模块将运算结果输出。

具体的 Verilog HDL 实现代码，留给读者自行编写，同时我们后续也会配上完整详细的电子版教程指导大家如何实现。

6.3　同步 FIFO 设计

现代系统设计越来越复杂，一个系统中往往含有多个时钟。多时钟域带来的问题就是：如何设计异步时钟之间的接口电路。FIFO(First In First Out)是解决这个问题的一种简便快捷的方案。系统设计中使用 FIFO 可以在两个不同的时钟系统之间快速而方便地传输高速实时数据，在图像处理、视频信号处理等设计中，FIFO 得到了广泛的应用。

FIFO 是一种先进先出的数据缓存电路，分为异步 FIFO 和同步 FIFO，一般可用于大量数据的缓存，也可用于高速数据交换的接口。本设计将通过一个同步 FIFO 设计案例分析，力求帮助读者很好地理解 FIFO 设计的重点，使读者能够触类旁通，掌握 FIFO 的设计方法。

6.3.1　设计任务

设计一个同步 FIFO，深度为 8，宽度为 3 位，操作结果用 LED 灯和 2 位共阴/共阳数码管表示。用一个按键来表示 FIFO 读信号,每按一次按键,从 FIFO 读出的数据都在读显示数码管上显示,并且表示填充情况的 LED 应逐级熄灭,直至 FIFO 空标志 LED 点亮;用另外一个按键表示写信号,每按一次按键,都把写显示数码管上的数字写入 FIFO,同时表示填充情况的 LED 应该逐级点亮,直至 FIFO 满标志 LED 点亮。其中用 8 个 LED 灯表示 FIFO 填充情况,LED 亮表示填充,灭表示空置。用 5 个 LED 灯分别表示 FIFO 满标志、空标志、将满标志、将空标志、功能按键标志。同步 FIFO 外围硬件示意图如图 6.7 所示。

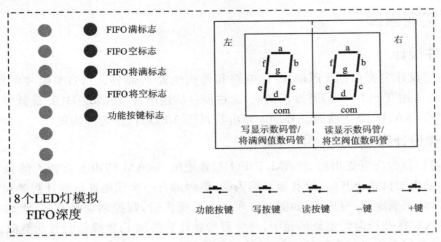

图 6.7　同步 FIFO 外围硬件示意图

6.3.2　设计要求

同步 FIFO 的设计要求如下:

➤ 焊接按键、数码管和 LED 灯元器件,数码管要求采用动态扫描控制的方式控制。

➤ 两位共阴(共阳)数码管的显示:此两位数码管显示的内容由功能按键来决定。当功能按键选择显示 FIFO 数据时,左边数码管显示写入 FIFO 的数据,右边数码管显示从 FIFO 读出的数据。当功能按键选择设置 FIFO 将空、将满信号时,一位数码管显示将满的阈值,一位数码管显示将空的阈值;当功能按键切换到显示 FIFO 数据时,阀值将被 FPGA 锁定。

➤ 按键输入和显示:写入 FIFO 数值,并能设置将空、将满阈值信号。由"＋"和"－"按键来输入数据。每按一次"＋"键,数码管显示的数值都加 1;每按一次"－"键,数码管显示的数值都减 1。显示数值在 0～7 之间循环。按"功能按键"可以切换写 FIFO 数据模式,或是设定将满、将空阈值模式。

➤ LED 灯的显示:每按下一次 FIFO 读按键,FIFO 读出的数据都在读显示数码管上显示,并且与表示填充情况相对应的一个 LED 熄灭,直至 FIFO 全部读完,表示 FIFO 填充情况的 LED 全部熄灭,FIFO 空标志 LED 点亮;每按下一次 FIFO 写按键,都把写显示数码管上的数字写入 FIFO,同时与表示填充情况相对应的一个 LED 点亮,直至 FIFO 写满,表示 FIFO 填充情况的 LED 全部点亮,FIFO 满标志 LED 点亮。

➤ 将空、将满 LED 显示:当 FIFO 中数据的数目大于等于设定的将满阈值时,将满 LED

点亮，否则熄灭。当 FIFO 中数据的数目小于等于设定的将空阈值时，将空 LED 点亮，否则熄灭。

➤ 功能按键标志 LED 显示：当功能按键选择显示 FIFO 的数据时，LED 灯亮，否则熄灭。

➤ FIFO 空后读出的数据为 FIFO 空前的最后一个数据，FIFO 满后写入的数据将被忽略，上电后 FIFO 为空。

➤ 其他扩展功能请读者自行创新。

6.3.3　实现原理

1. 硬件设计

硬件电路设计主要包括 FPGA 硬件电路和外围电路两部分。FPGA 硬件电路由 Easy FPGA030（也可用 TinyFPGA）开发板构成，通过硬件描述语言 Verilog HDL 设计经综合和布局布线后下载到 A3P030 上实现。外围电路由数码管、LED 灯、按键等构成。

2. 软件设计原理

FIFO 可以称为先进先出的 SRAM，FIFO 与普通的 SRAM 结构上有较大的差别。它的数据输入和输出端口是分开的，没有地址输入端，但内部有一个读地址指针计数器和写地址指针计数器，以此来确定读/写地址，如图 6.8 所示。写操作时，写控制信号有效，将输入数据总线的数据写入写指针指向的地址单元中，然后写指针计数器加 1；读操作时与此类似。

FIFO 的存储介质是一个双端口的 SRAM，可以同时进行读/写操作，但不允许同一时刻对同一地址进行读/写操作。FIFO 在满、将满、空、将空信号的控制下进行操作，控制的原则是：写满不溢出，读空不多读。因此有：

空标志＝（|写地址－读地址|≤预定值）&&（写地址超前读地址）

满标志＝（|写地址－读地址|≤预定值）&&（读地址超前写地址）

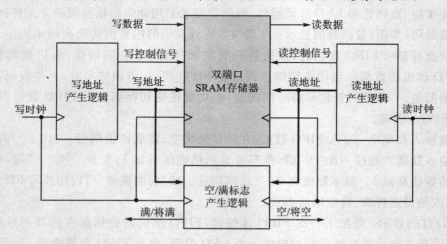

图 6.8　FIFO 结构框图

读者可根据 FIFO 的操作原理，自行编写 Verilog HDL 代码，并通过仿真等手段验证设计的正确性。最终用硬件电路检验设计的正确性，并根据实际的设计应用，修改设计，使其更合理，更适合现实的应用需求。

参 考 文 献

[1] 百度网站,百度百科专栏. http://www.baidu.com.

[2] 夏宇闻. Verilog 数字系统设计教程[M]. 2 版. 北京航空航天大学出版社. 2008.

[3] (美) Clive "Max" Maxfield. FPGA 设计指南——器件、工具和流程[M]. 杜生海,等译. 北京：人民邮电出版社. 2007.

[4] Microsemi. ProASIC3 Flash Family FPGAs Datasheet. 2012.

[5] Microsemi. IGLOO Low-Power Flash FPGAs Datasheet. 2012.

[6] Microsemi. Fusion Mixed-Signal FPGAs Datasheet. 2012.

[7] Microsemi. SmartFusion Customizable System-on-Chip (SoC) Datasheet. 2012.

[8] Y. Li, W. Chu. A New Non-Restoring Square Root Algorithm and Its VLSI Implementations. Proc. of 1996 IEEE International Conference on Computer Design; VLSI in Computers and Processors, Austin, Texas, USA, October, 1996.

[9] Li Yamin, Chu Wanming. Implementation of single precision floating point square root on FPGAs. Fifth IEEE Symposium on FPGA-Based Custom Computing Machines, 1997.

ZLG专用芯片，打造专属您的显示平台

TFT驱动专用芯片

广州周立功单片机科技有限公司(简称ZLG)专为TFT或LCD显示开发出一系列的驱动芯片，可以驱动市面上绝大多数不同规格、不同分辨率的TFT或LCD显示器。其控制简单、功能丰富、显示流畅并且逼真，已被众多客户所青睐并成功应用于多个行业。

丰富功能

- 16位色，最大支持1280 x 720分辨率；
- 区域更新、2D加速、位显功能；
- 区域更新及特定颜色屏蔽；
- 多图层操作，图层间DMA拷贝；
- 双显存显示，流畅界面更新；
- 可实现任意字符的叠加功能。

成功案例

- 杭州纺机控制器人机界面的应用；
- 深圳称重仪表的控制显示应用；
- 深圳电梯外呼板的控制显示应用；
- 上海汽车仪表控制显示应用；
- 广州售币机人机界面显示应用；
- 北京建材设备检查仪器显示应用等。

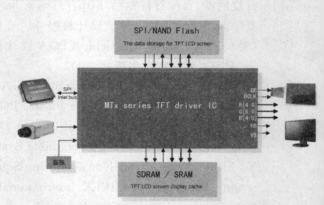

更多详细信息请访问：http://www.zlgmcu.com/ZLG/TFT_Drivers.asp

OSD驱动专用芯片

广州周立功单片机科技有限公司专为视频监控行业开发出一系列低成本字符叠加芯片（OSD），支持高清、标清摄像头的字符叠加，支持GB2312字符集及自定义字符、图形等，外接低成本的SRAM作为显存和SPI Flash作为字库存储芯片，MCU可通过SPI接口简单的发送命令即可实现视频的字符叠加功能。

丰富功能

- 支持高清、标清摄像头视频字符叠加；
- 支持GB 2312-80字库，共6763个汉字；
- 支持自定义的字符和图形；
- 半角字符大小为8x16，全角字符大小为16x16；
- 支持全角与半角字符混排显示；
- 白色字体，黑色边框显示；
- 支持字符闪烁功能；
- 内置同步发生器，支持内同步输出；
- 兼容NTSC和PAL视频制式。

成功案例

- 杭州高清/标清高速球应用；
- 杭州视频矩阵的应用；
- 北京标清高速球的控制应用。

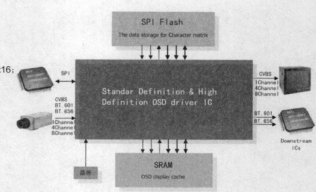

更多详细信息请访问：http://www.zlgmcu.com/ZLG/OSD/

www.zlgmcu.com